中国轻工业"十四五"规划立项教材

普通高等教育家具设计与工程专业"家居智能制造"系列教材

家居数字化设计技术

熊先青　朱兆龙　主　编
李荣荣　刘　祎　副主编
　　　　吴智慧　主　审

U0205948

中国轻工业出版社

图书在版编目（CIP）数据

家居数字化设计技术 / 熊先青，朱兆龙主编．—北京：中国轻工业出版社，2024.7

ISBN 978-7-5184-4802-9

Ⅰ．①家…　Ⅱ．①熊…　②朱…　Ⅲ．①住宅—室内装饰设计　Ⅳ．①TU241

中国国家版本馆CIP数据核字（2024）第055462号

责任编辑：陈　萍　　责任终审：李建华　　设计制作：锋尚设计
策划编辑：陈　萍　　责任校对：晋　洁　　责任监印：张京华

出版发行：中国轻工业出版社（北京鲁谷东街5号，邮编：100040）

印　　刷：艺堂印刷（天津）有限公司

经　　销：各地新华书店

版　　次：2024年7月第1版第1次印刷

开　　本：787×1092　1/16　印张：15

字　　数：350千字

书　　号：ISBN 978-7-5184-4802-9　定价：59.00元

邮购电话：010-85119873

发行电话：010-85119832　010-85119912

网　　址：http://www.chlip.com.cn

Email：club@chlip.com.cn

序

21世纪以来，互联网、云计算、大数据等新一代信息技术飞速发展，新一代人工智能已成为新一轮科技革命的核心技术。党的二十大报告明确指出，构建新一代信息技术、人工智能等一批新的增长引擎，通过新一代信息技术对传统产业进行深度赋能，促进和加快我国制造行业智能制造的转型步伐、由制造大国向制造强国的转变，从而推动我国经济高质量发展。作为国民经济重要组成部分的家居产业应抓住历史新机遇，促进新一代信息技术为家居产业智能制造转型升级赋能，从而引领行业全面发展，加快家居高质量发展的目标，这不仅关系到家居制造业能否实现由大到强的跨越，更关系到家居产业能否为中国经济高质量发展提供动能的问题。

多年来，我国家居行业通过不断推行工业化和信息化的深度融合，使得信息技术广泛应用于家居制造业的各个环节，在发展家居智能制造方面取得了长足的进步和技术优势。同时，随着大数据、人工智能、工业互联网和工业4.0的推广，家居产业也将开始重塑新的设计与制造技术体系、生产模式、产业形态，突出的体现是智能制造技术在家居企业的应用日益广泛。随着家居智能制造的快速发展，家居智能制造的人才缺口却越来越大、家居智能制造技术缺陷也越来越明显，急需能依据家居行业特色的智能制造技术指导行业发展和专业人才培养，但至今为止，国内还没有适合于专业教学、自学与培训的系统性介绍家居智能制造技术的正式教材和教学参考书。因此，有必要编写能反映新一代信息技术环境下的家居智能制造系列教材，这不仅是家具设计与工程专业建设和人才培养的需要，更是家居企业智能制造转型升级过程技术指导的需要。

基于此背景，南京林业大学家居智能制造研究团队从2018年开始筹划，结合家具设计与工程专业学科的交叉特色，组织编写了本套较为系统的家居智能制造系列教材，目前主要包括《家居智能制造概论》《家居数字化设计技术》《家居数字化制造技术》《家居智能装备与机器人技术》《家居3D打印技术》5本教材，后期将依据家具设计与工程专业学科人才培养和家居行业发展的需要，不断进行补充和完善。该系列教材集专业性、知识性、技术性、实用性、科学性和系统性于一体，注重理论和实践相结合。希望借此既能构建具有中国家居智能制造特色的理论体系，又能真正为中国家居产业智能制造转型和家具设计与工程专业高质量发展提供切实有效的技术支撑。

国际木材科学院（IAWS）院士

家具设计与工程学科带头人

南京林业大学教授

吴智慧

前　言

我国家居产业历经改革开放40多年的高速发展，已从传统手工业发展成为以机械自动化生产为主的现代化大规模产业。随着智能制造时代的到来，以"个性化定制"为主旋律的商业模式和以"柔性化制造"为核心的制造模式正快速席卷整个传统制造业。传统制造业应以快速转型和升级来适应这种变革，数字化设计和制造在此背景下应运而生。设计是任何产品制造的灵魂。据统计，产品设计阶段对产品生产周期的总成本影响通常占70%左右，产品设计不合理将直接导致产品成本增加及质量问题。因此，产品数字化设计技术对家居产业向个性化定制、柔性化制造及智能制造的转型具有重大现实意义。

中国的家具设计与工程专业，已为中国家居行业输送了一大批专业人才。但迄今为止，国内还没有适用于专业教学、自学和培训的系统性家居智能制造技术方面的教材和教学参考书。为此，南京林业大学自2018年起，从中国家居智能制造行业情况和教学要求出发，在吸收国内外新技术成果的基础上，通过立项"国家林业和草原局高等教育'十四五'规划教材"，相继编写包括《家居数字化设计技术》《家居数字化制造技术》《家居智能装备与机器人技术》等"家居智能制造"系列教材。

本书从家居数字化设计技术入手，围绕家居数字化三维空间测量技术、数字化展示设计技术、板式家具产品数字化设计技术、实木家具产品数字化设计技术等方面进行全面系统的阐述，集专业性、知识性、技术性、实用性、科学性和系统性于一体，注重理论和实践相结合，可为家居企业数字化转型升级提供一定的思考和借鉴。

本书适用于家居智能制造、家具设计与工程、木材科学与工程、工业设计等相关专业，同时也可供家具企业和设计公司的专业工程技术与管理人员参考。全书共6章，分别为：家居数字化设计概述、家居数字化设计关键技术、数字化三维空间测量技术、数字化展示设计技术、板式家具产品数字化设计技术、实木家具产品数字化设计技术。本书由南京林业大学熊先青、朱兆龙任主编；南京林业大学李荣荣、刘祎任副主编；南京林业大学宋美琪、余映月、都晓航、姜丹妮、张蕊、王雪宁等参与资料收集与编写；全书由南京林业大学吴智慧教授审定。在本书的编写过程中，编者们参考了国内外数字化设计技术、数字化设计与制造、个性化定制、家具设计及家具材料等方面图书及文献资料，在此向相关作者及单位表示感谢。

熊先青

2024年2月

目 录

第 1 章
● 家居数字化设计概述

第 2 章
● 家居数字化设计关键技术

第 3 章

数字化三维空间测量技术

第 4 章
●数字化展示设计技术

第 5 章
●板式家具产品数字化设计技术

第 6 章
实木家具产品数字化设计技术

第 1 章　家居数字化设计概述

🎯 **本章重点**

1. 家居数字化设计发展概况。
2. 数字化设计的定义、特征及其内涵。

1.1 家居数字化设计基础

1.1.1 家居数字化定义

家居数字化设计，是指借助计算机、网络、CAD及CAE软件、打印机、绘图仪等工具，根据客户对家居产品的需求，充分考虑整个家居产品的生命周期进行数字建模，依托数字压缩、编码、解调和调制等处理技术，经过一定运算，通过几何模型建构和反复数据调试，最终完成家居产品设计。在设计过程中，需通过信息技术对设计行为进行严格规范和把控，从而保障设计水平、设计效率和整体性效果。

1.1.2 家具设计特征

家具是科学与艺术、生产与市场、物质与非物质的结合。家具设计涉及市场、心理、人体工学、材料、结构、美学、民俗、潮流和文化等诸多领域，设计师需要具备专深、广博的知识以及综合运用这些知识的能力，同时还必须具备传达设计构思和方案的能力。设计师越来越需要团队合作，尤其在商业化设计领域。以往的家具设计是设计师个人对其灵感所作出的响应，而现代商业化的家具设计是有明确的目标和时间要求的，设计是一项系统工程，需要掌握多方面知识的人员密切配合与协调。

1.1.2.1 家具的使用特征

家具首先因满足以人类为主导的物质生活需求而产生（宠物家具也在兴起）。从一般意义而言，所有家具都必须具有直接的功能作用，满足人们某一方面的特定用途。如床用于睡眠、椅子用于坐、柜子用于收纳和管理物品等。同时，家具在使用场所不可避免地与人直面相照，强制人们去审视、品评与触摸，因此，不得不去考虑它的知觉效果。所以，家具既非纯物质性功能器具，又有别于纯粹的艺术鉴赏品。

1.1.2.2 家具的制作特征

传统家具通常由手工制作，工业革命以后，尤其是第二次世界大战以来，家具制作逐步实现了工业化，并已成为现代产业。随着人类对家具需求的急剧增加，家具制作必须做到高质高效，而要做到这一点唯有依靠工业化生产。因此，家具已经成为一种工业产品，家具设计也因此被纳入工业设计的范畴。这就意味着家具设计必须面向用户、立足生产。

1.1.2.3 家具的市场特征

家具市场是一个极其多元化的市场，人们会根据使用环境、喜好和支付能力来选择适合自己的家具。企业应当根据市场需求以及自身条件选择适合自己的市场层面和产品种类予以设计、制造与销售。家具企业必须找到正确的定位，在战略设计的基础上生成概念、设计产品。

各国家具行业内部的集中度与其工业发达水平及社会文化特点相关。日本文化与市场细分是其集中度低于其他工业化水平高的国家的根本原因。意大利是个设计和创新导向的国家，其集中度低是必然表现。中国尚未定型，无论最终怎样，目前的低集中度定会提升，行业正在面临洗牌和重组。因此，眼下既有挑战，也有机遇。企业还需抓住战略机遇期，巩固和拓展市场份额，谋求技术进步，奠定可持续发展基础。当然，从另一方面来说，无论集中度如何提升，家具行业的完全竞争性是不会改变的，中小企业依然是主体，并将长期存在。

市场的本质是消费者选择的谨慎性，家具必须面对市场竞争，如图1-1所示。

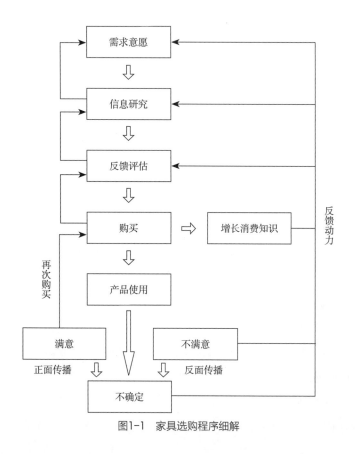

图1-1　家具选购程序细解

品牌的重要性正在增加，家具企业必须有明确的品牌价值和定位。品牌是一种承诺，或者说是一套承诺。企业可以承诺高品质，也可以承诺好的性价比，甚至可以承诺低品质和低价位。承诺必须是自己能够做到的和目标客户群所需要的。清晰的品牌定位和运作将有利于家具企业在激烈的竞争中被消费者有效识别，从而获得相应的市场份额。

在商业领域，家具设计服从于品牌定位，并与品牌价值和内涵相一致。

家具设计还与分销系统相关，不同性质的家具应当选择不同的分销模式。早些年，有人提出以后的家具都会在网络上实现销售，这是片面的，网络的作用无疑会越来越大，但实体家具不可能完全网络化销售。原因是对于附加值较高的产品而言，虚拟世界不可能提供切身体验。但值得重视的是网络对于品牌传播与服务体系来说具有巨大的开发空间，而且不会也不该是单一模式，虚拟与实物体验会更好地结合和交融。如专卖店的物人界面设计就将是重要的发展方向，客户定制化与家具企业现代化生产之间的无缝对接，终将由高新科技与网络数字技术来实现。当然，家具设计也将在此扮演重要角色，并承担更大的责任。

图1-2是欧洲家具分销系统细解。对于中国市场而言，其分销系统目前还处在发展阶段，尚未定型，家具市场格局的变革正在孕育，必将产生革命性的变化，欧洲现有的格局和模式将会在很大程度上预示着我们的明天。中西方的文化差异将更多地体现在终端的表现上，而不会影响家具市场的本质属性。

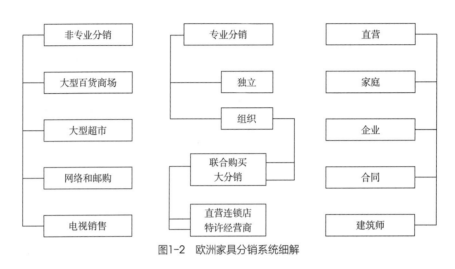

图1-2　欧洲家具分销系统细解

1.1.3 家居（家具）设计要素

（1）功能

功能是家具的首要因素，没有功能就不是家具。随着生活质量的提高，人们对家具功能的诉求越来越广、越来越深入，要求越来越高。生活是功能设计的创作源泉，家具的功能设计体现了设计师对生活的理解程度。

电视柜、电脑桌、工作站的出现是现代化生活的标志，其实质是现代生活与古代生活在功能上的差异。

一把文职人员使用的工作椅，其基本功能是供人坐着工作，但有的可以在地面上滑动、有的椅面能够升降、有的椅背角度可以调节、有的具有"追背"功能、有的还可以把椅背翻下来供人仰卧，体现了功能的深化与完备。一个细微的功能考虑，可能会令使用者欢欣鼓舞或令市场占有率直线上升。然而，对于商品化的家具而言，对功能的追求不是无限的，应当有效抓住其核心功能。它们应当更能满足目标客户群的实际需求，而将可有可无的功能予以取消，以降低成本，增强市场竞争力。

（2）材料

不同的家具以及同一件家具中的不同部位承担着不同的任务，对材料的要求也不尽相同。不同的材料具有不同的性质，科学技术的发展不断地为我们提供着丰富的材料来源。如除了传统木材以外，还有人造板、金属、玻璃、石材、皮革、布艺、竹藤、高分子合成材料等。

（3）结构

不同的材料性能要求与之相适应的结构，结构直接影响着家具的强度与外观形象，如框式家具、板式家具、弯曲木家具等。同时，结构也将直接影响制作的难易程度及其生产效率。

（4）外形

外形决定着人们的感受，人有五种直接的感觉系统，即视觉、听觉、嗅觉、味觉和触觉。除了味觉之外，家具对其他四种感觉均有直接的影响。其中视觉占的比重最大，所以视觉特性历来都受到人们的普遍重视，美学造型法则就是建立在视觉基础上的。不过，最新研究表明，其他感觉特性也是不可忽视的，如家具材料的声学特性和有机散发物都对环境具有重要影响，而触觉对人的喜厌情绪也有较大影响。

需要特别注意的是，上述四项要素不是孤立的，而是互相交叉与影响的。初学者往往有一种只注重外观形态的倾向，因为外形比较直观。然而，如果只考虑外形的设计多半是失败的，因为没有抓住家具设计的本质。其实，外形只是果，功能才是因。家具产品的设计首先是从功能出发的。如设计一张床时，首先要有一个可供人卧于其上的平面，才能考虑在床头板等部件上进行其他功能设计与造型装饰处理。材料服从功能，结构既服从材料、工艺，也服从功能，这些都对外形有着决定性的影响。功能的最佳体现本身就是一种美，其美感来源于对人类需求的一种明示，即通过外在形式宣告功能的实在性，这也是北欧学派的核心理念，材料的质感也是知觉的一大要素。当然，我们也不能完全否认造型本身的作用，相反，美学法则的成功应用、设计潮流的把握和文化特性的诠释，可以为家具的内在品质赋予完美的形象和深刻的寓意，这就是为什么意大利设计长期以来一直能够引领世界潮流的精要所在。

需要特别指出的是：外在风格和个性特征的赋予要特别慎重，因为风格与个性特点越鲜明，市场适应面就越窄，只有在目标客户群高度聚焦的情况下才比较安全。

1.1.4 家居（家具）设计原则

1.1.4.1 人机工程学原则

人机工程学的原则就是应用人机工程学的原理指导家具设计。例如在确定家具尺度、人体坐面倾角和靠背斜度、家具色彩和光泽度时，都要以人体尺寸、人体动作尺度，以及人的各种生理特征为依据，并且根据不同使用功能（如休息、作业）的不同要求分别进行不同的处理。最终目的就是要避免因家具设计不当带来的低效、疲劳、事故、紧张、忧思、环境生态破坏及其他有形的损失，使人和家具之间处于最佳的状态——人和家具及环境之间相互协调，使人的生理和心理均得到最大的满足，从而提高工作与休息的效率。

随着工业化进步，人机工程学与工业设计平行发展，并且广泛地应用劳动生理学、工业卫生学、人类学等各门科学的方法和成果。人机工程学是研究人类在生命活动的环境中如何处于最佳状态的问题，是将生产器具、生活用具、工作环境、器具条件等和人体功能相适应的科学。在漫长的家具发展历程中，家具的造型设计，特别是在适应人体机能方面，大多仅通过直觉的使用效果来判断，或凭习惯和经验来考虑，对不同用途、不同功能的家具，没有一个客观、科学的定性分析的衡量依据。甚至宫廷家具——不管是欧洲君主还是中国古代皇帝使用的家具，虽然精雕细刻、造型复杂，但在使用上都是不舒适甚至违反人体机能的。现代家具最重视的就是"以人为本"，基于人本性进行设计开发，从"机械设计"走向"生命设计"，用产品设计开发创造新生活。

1.1.4.2 绿色设计的原则

21世纪是生态文明世纪，家具设计要考虑对自然资源和自然材料的合理运用。一方面，在家具设计中将更多地运用自然元素和天然材质，因此，具有最佳的宜人性、天然材质的视觉效果和易于成型的加工特性的木材将成为主要的家具材料。另一方面，在设计家具时必须考虑绿色设计的原则，因此，要尽量利用速生材、小径材和人造板材，减少大径木材的消耗。对于珍贵木材应以薄木形式覆贴在人造板上，以提高珍贵木材的利用率，对珍贵树种应做到有节制和有计划采伐，以实现人类生存环境的和谐发展和木材资源的可持续利用。

材料是构成家具的基本要素，选择了一种材料，意味着选择了一种工艺，选择了一种与环境作用的关系。所以，作为家具设计的第一步，必须严格谨慎地选择材料。具体可以从以下几个方面考虑：

（1）尽量避免使用有毒有害的材料和添加物

就家具主要用材之一的人造板来说，生产时所用的胶都是有毒的，要尽量避免直接使用，并尽量避免使用含毒素较多的PVC、PVB、PCT等材料和含铅、镉较多的胶。

（2）尽量选用已回收和可再生天然材料

许多常用的材料如塑料、金属、玻璃等均可回收使用，这些材料回收后性能基本不变或下降很少。如果它们的性能不能满足要求，可以考虑添加一些助剂或其他改良型材料，或转移其用途。

可再生天然材料多来自绿色植物，如木材、竹材、藤材等，应注意林木可再生能力和恢复期问题，有计划地节约用材。不可再生材料或需要很长时间才能再生的材料，总有一天会枯竭，应为其寻找可替代材料，如图1-3所示。

图1-3 天然可再生材料茶几

1.1.4.3 安全设计原则

未来家庭将会更重视安全因素。因此，家具会更重视保护式的艺术设计，要求不仅环保，更能防火、保温和持久。安全性问题是一切家具产品都必须充分考虑的。造成家具不安全的因素是复杂的，实际生活中有些家具由于技术和材料加工等方面因素，造成人身伤害等事故。因此，家具设计师在设计时，不能只考虑家具形式问题，一定要把为人服务放在首位。例如，在设计儿童家具时，就要考虑选材、五金件造型、家具造型以及家具色彩等多方面因素，尤其注意家具上不能有尖锐倒角，以免伤及儿童；再比如椅子框架不牢，会发生断裂伤人事故。在现实生产中，很多条件是矛盾的，设计人员就是要分析和解决这些矛盾，最大限度地满足人们心理和生理上对安全的要求。

1.1.4.4 经济设计原则

在现代社会中，家具通过流通机构传送到广大消费者手中。消费者追求价廉物美的家具，而生产者希望制造成本低、批量大、利润高的产品。

以最低的费用取得最佳效果这一原则，企业和家具设计人员都应遵守。作为设计师如果只追求形式美而不了解生产工艺，往往会出现无法生产或生产成本很高的情况，因为产品所用的材料都有特定的性能和加工方法。另一方面，如果只追求廉价而粗制滥造，就从根本上违背了设计的目的，造成滞销或亏本销售，反而导致浪费。

（1）减少体量、精简结构

在保证家具物理性能的前提下，可以通过避免纯粹的装饰、减少家具零部件的厚度和数量等设计出"简、轻、薄、小"的家具产品。精简优化结构，以"尽量少的材料满足尽量大的功能"，从而降低资源消耗，减少对环境的影响；同时更少的材料意味着使用更少的能源，更少的包装，在生产、运输、废弃利用上更加经济节能。

（2）适当提高产品寿命

适当提高产品的使用寿命，可以减缓产品进入搁置状态的速度，从而提高产品利用率。具体可以通过采用先进的加工工艺，采用模块化结构，进行可拆卸性设计，使产品易拆卸、易识别、易升级修理、可循环使用，延长产品的生命周期，如图1-4所示。

图1-4 模块组合家具

1.1.4.5 功能设计原则

在"适用、经济、美观"这一设计原则中，"适用"是设计的核心要求之一。人们使用物品，通过其作用来实现目的。功能是产品的第一要素，一件产品失去了功能就失去了使用价值，失去了存在的意义，因此，出现了"形式服从功能""形式取决于功能"的理论。

功能包括产品自身本质功能和从属功能。家具就包含实用性和装饰性两种功能，同时又有普通型和豪华型两种。尽管都是家具，但两者价格相差很大，因为豪华型家具能显示使用者的富有和提供一种精神满足感。这种与使用功能无关而是满足使用者某种精神需求的功能称作从属功能、辅助功能或二次功能。

家具设计需要考虑以下几个功能：

❶ 物理功能。物理功能是指家具机械性的方面，即家具的性能、牢固度、构造和耐久性等。

❷ 生理功能。主要研究家具与人的关系。要减少疲劳和方便使用，需要进行人机工程学和生理学等方面的研究。

❸ 心理功能。由于不同国家、地区，不同民族、年龄、性别的人对产品的形态、色彩、装饰等喜好和需求不同，就必须考虑不同消费者的心理功能。

❹ 社会功能。一件产品进入市场就具有社会功能。产品进入市场后遇到的问题可能让设计者出乎意料。例如，随着板式家具的普及，化学胶黏剂的大量使用影响人类的健康，同时也引起传统木工技艺的衰退；此外，家具使用寿命的缩短也引起了环境破坏和污染等问题。

家具以实用为目的，根据一定的次序和法则构成，在发挥功能的同时也使美的形式存在其中。只有将使用和审美两者协调时，家具美的功能才成立。

另外，多功能家具越来越多，给广大使用者带来了方便。在设计多功能家具时，一定要全面考虑家具的各种因素。例如，有的家具盲目追求多功能，致使结构复杂，成本提高，反而易损坏。实际上不少家具只要一种功能或将几种常用功能相结合就足够了。所以，一件家具并不是功能越多越好，而应是科学、合理、方便为好。

1.1.5 家居（家具）设计选材原则

目前，行业与社会上存在着片面以材料——尤其是全实木与纯实木为设计导向的现象，这是不健康的。

一方面，地球上硬阔叶材的实木珍贵品种根本经不起我们现在这种消耗，想寻找新的实木品种来谋求更大性价比和竞争力越来越难。就算找到了一个新的树种，价格方面也很难控制。

另一方面，整套家具以及所有零部件都使用同一种木材并不科学。一整片红的樱桃木、一整片黑的胡桃木，在一个居室空间会显得压抑。而且，不同家具品类，以及同一件家具的不同部位，所承担的"任务"是不同的。而不同的材料有着各自不同的属性，应该将它们用到最合适的地方去。家具与室内环境的整体协调不一定非得用一种材料来统一，设计上有很多办法可以实现。如图1-5所示为国内市场普遍可见的纯实木家具。

图1-5　国内市场普遍可见的纯实木家具

如今，在意大利和斯堪的纳维亚已经很难见到纯实木与全实木家具，尤其是全部采用优质硬阔叶材制作的家具。他们也曾经历过我们现有的状态，只是已经找到了更好的途径。

目前国内实木家具的生产方式在很大程度上还停留在工厂手工生产方式的惯性思维，手工含量还是过高。手工操作越多，工业化生产越困难、产能越低、品质越不稳定。在工业化生产体系中，手工不应该被标榜。手工不应该用于原本机器可以做得更好的地方，而应该用于机器做不到或难以做好的地方，手工操作的应用应当最大限度地增加其附加值。

材料导向是制造业思维所致，这一思维模式极大地制约着家具行业的设计创新，在这一深层思想意识的掣肘下，企业在战略上根本难以突围。

制造业思维源自不同的基材需要采用不同的结构、工艺和制造方法，需要采用不同的制造设备。相应的，工厂的建立与建设也就需要购买不同的装备、组建不同的生产流程，这些都需要投入大量资金来实现。由于不可能所有材料的加工都使用机器，企业的生产能力也就被相对固化。产品开发时就自然而然地以适应本企业加工条件为基本前提，最后呈现出来的结果就是某种材料"一统天下"。

除中国传统家具等少量品类之外，多元化材料的综合使用是必然趋势，原因在前文已经说明。当然，并不是说各种材料要等量使用，而是要合理选择。也不是说不能用实木，但要有节制地使用。实木更适合作为线型构件使用，用于受力部位和迎面装饰性部位，而人造板更适合用作柜体基材。另外，实木重组材料应当予以发展，因为它兼具实木与人造板的双重优点。更重要的是，它还可以克服实木这种自然材料各向异性和湿胀干缩的天然缺陷，制成标准化工业板材，而标准化工业板材是现代工业化生产的必要基础。如果没有这个基础条件，那么家具工业4.0就是一句空话。除了标准化工业板材之外，产品结构也至关重要。零部件构成产品的方式，从另一个角度对工业化生产的程度起了决定性作用。

因此，现代家具设计的选材越来越趋向于综合和多元化，材料选择的空间也越来越大。家具设计过程中应当根据设计目标、材料属性以及可能的条件进行科学、理性的分析与思考。

1.1.5.1 材料选用的方法与考虑因素

（1）材料选用的方法

具体选择材料时要综合应用以下四种方法，如图1-6所示。

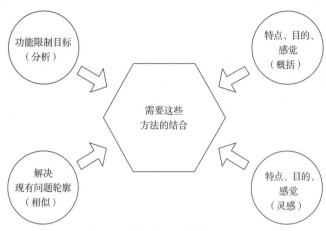

图1-6　材料选择方法的综合应用

❶ 分析法。演绎推理，这是设计工程的典型方法。即根据家具产品的功能目标及其限制条件，同时考虑各种材料的属性进行综合分析和科学选用。如除了表面硬度之外硬阔叶材实木的其他各项力学性能指标几乎都要高于人造板，因此更加适合用于承受动载荷的支撑类家具。但实木最大的问题是湿胀干缩，适合作为线型构件使用。对于柜类家具而言需要平板状构件，选用实木就会存在很大的隐患。柜类家具主要承受的是静载荷，人造板恰好可以满足使用要求。如果人造板上覆以实木单板，则可进一步增加强度，并赋予人造板实木外观，还可大大节约珍贵木材的使用，对环境友好。

❷ 综合概括。归纳推理，即归纳已存在的材料使用情况，分析其合理性以及存在的问题，并加以改进。一般而言，经过时间考验的用法值得重视，不宜轻易否定。比如，为什么明式家具大量采用线型构件？其中固然有着文化方面的因素，但根本原因是我们的祖先通过几千年的经验积累理解了木材的自然属性，并探索到了一套驾驭木材因含水率变化而动态变化的方法。即用实木制作家具时，采用不外乎以下五种手段来进行设计：

a.尽量采用线型构件：因为横纹理方向的尺寸越小，木材湿胀干缩的绝对值越小。

b.尽量用于开放式构件：对于必须采用横纹理方向尺寸较大的构件时，尽量用于开放性部位，这样就不会因湿胀干缩而对结构带来灾难性破坏，视觉上也不容易看出，如桌面等。

c.端头尽量封闭：因为木材内部与外界的水分交换主要通过纵向大毛细管进行，如阔叶材的导管和针叶材的管胞。

d.构件连接部位在设计时尽量不在同一平面，无法避免时应留有工艺槽口，以在视觉上消除或弱化可能出现的不良变化。

e. 当上述四种措施都无法使用时，则采用柔性接点。如框架木门中的芯板榫头与框架榫槽之间要留有足够间歇，以备芯板膨胀时缓冲，而不至于破坏框架结构。

又如：为什么某种材料的家具都是这么构筑而不是其他形式？或者为什么某类家具大多数要用这种材料？应当分析该种材料的属性和加工工艺特点，从而在利用这种材料设计时少走许多弯路。

❸类比、相似。即与拟替代的材料比较。根据目标使用要求的材料属性指标，对候选材料进行逐项对比，扬长避短。对于不够理想的指标，还可以通过创造性的使用方法来弥补。如：宽幅面的实木板可以由薄木贴面的人造板来替代，多种材料可以混合使用；曲线构件可以由钢管、弯曲木等材料来实现。

❹模仿与灵感。碰巧、偶然、激发、对象诱发、想象。设计师应当在大脑中常存设计意识，善于观察、思考和捕捉稍纵即逝的信息元素，在日常生活、工作和娱乐方方面面去感知、感悟，往往会有灵感出现，甚至可能带来重大的变革。

（2）综合考虑因素

❶材料自身的特性。每一种材料均有其自身的特性，设计时要理解这些特性，进行科学合理的使用。材料的特性包括其物理性能、力学性能、表面性状、加工特性和商品材规格等。

❷目标设计产品的形态要素。如线状、面状和体状家具产品就应当分别选用与其性状相适应的材料。其他材料也许也可以使用，但可能效果没有这么理想。

❸技术结构。不同的结构需要采用不同的材料，如对壳体式家具而言，塑料就是一种合适的材料。

❹用户特点。不同的使用场合和不同的客户群对材料往往有着不同的要求。如公共场所的家具要求采用耐破坏性的材料，户外家具要考虑采用耐候性好的材料；有些人喜欢实木家具，有些人由于某种原因可能优先购买板式家具等。

1.1.5.2 材料的物质性与非物质性

（1）材料的物质层面

材料的物质层面主要是指材料性能和工艺技术，需要考虑以下几个方面：

❶物理和力学特性。材料的物理和力学性能有密度、硬度、脆性、应力等。不同的家具，以及同家具的不同部位对材料的力学性能要求都不相同，应用时可以从两个方面考虑。一是材料的多元化混合使用，用于支撑等受力要求高的部位可用金属等强度高的材料，而对于与人体直接接触的部位则可用柔性材料和具有亲和力的材料，如织物、木材等。二是使用单一材料时需要据其受力情况进行分析计算，来确定用材的粗细和长度，最后在不低于其受力要求的最小值基础上再从美学角度去完善。

❷生产加工工艺特性。材料的加工工艺特性有工艺流程、加工方法、手段和相应设备与设施，不同的材料其加工手段、设备和程序完全不同，对于一个家具企业而言，通常不太可能具备对所有材料都能加工的条件。因此，如果设计的家具是用多元材料的，那么其中许多种材料

的构件就需要进行外协生产，企业的运作模式需要涉及外部生产管理，管理难度与不可控因素会增加。所以，国内许多家具企业产品所用的材料都比较单一，其根本原因就是从自身的生产条件来考虑的。而对于产品线非常宽泛的家具系统而言，单一材料不是最好和最科学的选择，其终端表现会显得单调和乏味。

（2）材料的非物质层面

材料的非物质层面主要是精神和文化方面，需要考虑以下几个方面：

❶ 设计语义学及其表现出的相应特性。材料的传统性、功能与形式的关联性、时代特征、环保特点等都具有语义学属性。如"古典"语义的表达显然会用实木，而不是玻璃、塑料或金属，因为这些材料更适合表达"现代"。错位表达不是没有，但这通常是为了呈现一种新的文化和时尚潮流，其本质是现代或后现代的。古典元素的适度移植往往可以使现代感得到反衬，使之更加强烈而成为时尚。

功能与形式的关联同样具有语义作用，尤其是当此种功能本身与时代密不可分时。如电脑桌、电视柜等，这种功能和材料的语义交互作用产生视觉效率。

材料对于环保的语义具有决定性作用，如废物利用、循环使用、可再生植物类自然材料的使用等都会在视觉上有强烈的环保表现。尽管科技的发展有可能会削弱或藏匿掉这种语义，但设计师依然有办法通过设计来唤醒和做出提示。

❷ 重要的象征意义。材料可以通过建筑范例、传播方式、新出现的技术等来传达某种象征意义，或宣告科学技术的进步，或宣告对环境友好。可以象征奢华，也可以象征简约；可以象征力量，也可以象征柔情和人性的关怀。

❸ 感觉方面。材料可以传递感觉，如灯光的辅助、音响、触觉、气味等。设计师可以利用科学和美学的双重手段来驾驭材料的感觉，注意是驾驭而不是包装。

❹ 历史的、社会的、文化和亚文化的、经济的和环境方面的考虑。材料作为一种物质的载体，承载者历史、社会、文化和亚文化、经济和环境等各方面的信息。设计师通过创造性劳动赋予其深刻的内涵，造福人类，同时也担负着历史与社会的责任。

（3）材料选择的关联性

材料的选择不是孤立的，而是需要考虑各种因素及其交互作用。

❶ 材料—技术—形式—功能的交互作用。材料需要考虑如何高质高量地实现各种物理与化学的加工、连接和表面处理，如何与形式表现相协调，如何满足使用功能的需要等。设计的任务就是要协调这些因素，求得最佳的综合效果。

❷ 本地材料资源的可支配性。就地取材、因地制宜，材料的选择要考虑本地资源的可支配性，这样不仅经济，而且也会呈现出地方特色而独具魅力。

❸ 自然形成的用材环境条件和气候。用材环境包括自然环境，也包括商业和社会条件；同时，也与气候有关。例如我国北方地区以实木为主导，一方面是实木资源相对丰富，另一方面是北方气候干燥，木质构件的尺寸相对稳定。家具行业的发展不仅需要终端企业，还离不开整个产业链，原材料作为家具产业链的上游，将直接决定本地区家具产业的发展和走向。

❹ 材料的一致性与可识别性。对于某一品牌的产品家族而言，材料的使用要具有一致性。如不应该将红木和速生材混合使用而使得消费者无法判别其价值。材料还要具有可识别性，伪装不是正道，材料的属性应该清晰传递，社会越来越民主化，设计对消费者也将越来越透明。

❺ 材料供应的可持续性。企业不是短期行为，设计师选用材料时要考虑其是否具有持续供应能力，一般而言，应该选用商品材，只有商品材才能具有相对稳定的供应渠道。有许多树种因资源有限而不能成为商品材予以供应，除非设计师的本意就是只设计、制造和销售"孤品"。

1.1.6 家居数字化设计基本过程

家居数字化设计是指运用具体的三维软件工具，通过设计数据采集、数据处理和数据显示，实现家居产品模型的虚拟创建、修改、完善、分析与展示等一系列的数字化操作。其基本过程如图1-7所示。

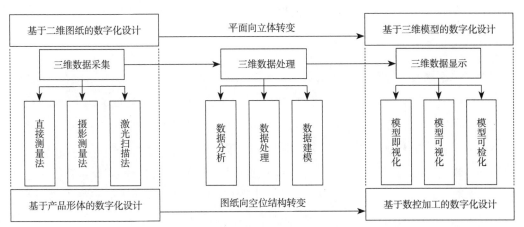

图1-7 家居数字化设计的基本过程

1.1.7 家居（家具）设计评价

大凡设计水平高的国家和地区，从政府的政策导向到企业对设计创新的重视，直至设计项目的管理和设计师的知识体系形成，都有一套完整系统的标准体系和管理流程。其中，设计评价看似属于设计管理的内容范畴，但却是上自政府、企业管理层，下至设计师及其设计项目必须谨慎面对的问题。一套客观、科学、完整的设计评价体系，既能及时发现和完善有市场潜力的优秀设计，又能很好地规避资源、人力、财力的浪费，并引导设计产业健康发展。

1.1.7.1 家具设计评价的概念

评价是对事物价值的评判与界定。设计评价是在设计过程中通过系统的设计检查来确保设计项目最终达到设计目标的有效方法。具体来说，就是在设计过程中，对解决设计问题的方案进行比较、评定，由此确定各方案的价值，判断其优劣，以便筛选出最佳设计方案。一般来说，设计评价中的"方案"不是指具体的设计方案，而是指设计中遇到问题的解答。也就是说，不论是设计的实体形态（设计概念方案、产品、样品、模型等），还是构想的形态，或是设计过程中设计方向的调整，这些都可以作为设计评价的方案，可以通过设计评价为问题找到解决的途径。

对于家具生产企业，家具设计是一个复杂而又庞大的系统工程，在设计活动中，不论是全新的产品开发设计，还是对原有产品的改良设计，为了提高设计效率、降低设计成本、减少设计风险，使设计沿着既定的目标和方向良性发展，就必须对设计过程中的各个阶段和进展环节进行控制或监管，即进行评价。

在家具设计过程中总是伴随着大量的评价和决策，只是在许多情况下人们是在不自觉地进行评价和决策而已。然而，随着科学技术的发展和设计对象的复杂化，对家具设计也提出了更高的要求，单凭经验、直觉的评价方式越来越不适应实际要求。因此，更加科学、合理、紧跟时代发展步伐的设计评价体系越来越重要。设计评价不应只是对方案的选择、评定，还应针对方案的功能、工艺技术、经济、审美、市场等方面的弱点加以改进和完善；同时，随着设计过程的持续，不断提升其合理性，以便提高设计质量，从根本上提升产品的市场竞争力。

由此可见，家具设计评价本身就是一个系统工程，涉及各方面的工作，既要有科学的、客观的、符合时代精神的评价标准，又要对设计过程及设计对象所涉及的方方面面进行反复评比、筛选，最后才能确定出最优秀的方案，以保证所设计的产品得到市场的认可。因此，通过设计评价，首先能有效保证家具设计的质量以及设计过程的合理性，并能从众多设计方案中更方便、快捷、准确地筛选出能满足目标要求的最佳方案；其次能够有效监管设计过程，及时发现设计上的不足之处，并为设计改进提供依据，减少设计过程中的盲目性，提高设计效率。

总之，家具设计评价的目的在于自觉控制设计过程，把握设计方向，以科学的分析而不是主观的感觉来评定设计方案，提升设计过程的有效性。

1.1.7.2 家具设计评价的体系与原则

很好地完成家具设计评价的前提是要建立一个全面系统的评价体系与评价原则，它是进行具体的设计评价的"纲领性文件"。对于不同材料、不同风格、不同设计公司或生产企业，评价的体系与原则应该是相似或相通的。

（1）评价体系

家具设计的评价体系应该以家具的功能、外观形式、材料、结构四大构成要素为基础，进行综合分析后加入产品市场因素组成。

❶功能。每个设计都有它存在的目的和意义，设计应服务于这个目的。早在公元前5世纪，古希腊哲学家苏格拉底就曾指出，"任何一件东西如果其能很好地实现它在功用方面的目

的，它就同时是善的，又是美的。"在对一件家具的设计方案进行评价时，第一反应就是要准确地知道其具体的基本用途，这也是家具产品设计时功能的先导性特征，然后才是围绕其基本功能所进行的延展性评价，如功能的宜人性、安全性、延伸性（即多用途）、创新性等方面的内容。

❷ 外观形式。如果设计对象的功能是其存在的土壤，外观形式就是其生存发展所必需的养分，它所涉及的内容很宽泛，但主要的还是以家具产品的形式美法则为尺度来衡量评价对象外观形式的美观性及其创新程度。

❸ 材料。设计对象一旦形成市场化产品，其对材料的需求量是很大的，所以所用的基本材料和辅助性材料是否具有可持续供应渠道、成本方面是不是有优势、环保性能如何、用于设计对象后会产生哪些理化和力学方面的问题、加工过程中是否有工艺和设备方面的障碍等，都应进行综合分析。

（2）评价原则

家具设计的评价体系由多个指标综合构成，也就是说家具设计的评价实质上是对各个分项指标的评价，然后采用科学的方法进行统计汇总的结果，这就要求评价应遵循一定原则。一般而言，家具设计评价应遵循以下几个方面的原则。

❶ 科学性原则。科学性原则是指评价指标、程序、方法和各指标的界定标准要具有科学性，参与评价的人员构成应合理。既要有企业管理人员、设计人员、一线生产人员和市场营销人员甚至消费者代表，又要有较高水平的专家，各参与人员均应客观、公正、独立地完成各项评价指标的测评工作。

❷ 量化原则。对评价指标全面进行量化固然很难，但为了评价过程和结果的科学性，必须放弃传统的模糊性描述方式，力求量化各项指标，或通过参与评价者对各指标的态度指数而变相量化。另外，指标量化也符合现代社会高度信息化管理的需要，是一项基础性管理工作。

❸ 类别性原则。对于同一类产品，可按一定的比例邀请不同的群体参与评价。如企业内部的评价、专业设计人员的评价、职业经销商的评价、普通消费者的评价，以及分抽以上各类人员共同参与的综合性评价等方式，了解不同群体对设计对象的评价结果后，可以有针对性地进行修改、调整及进行其他方面的决策。

❹ 差异性原则。可以针对不同类型的产品进行评价指标的微调。这是由于企业产品的多元化，而不同的市场定位及其相关的差异所致。如对于三级和四级市场的产品要求与一级市场产品具有同样的精神方面的属性显然是不现实的；同样，对于木质家具、金属家具等不同材料或不同使用场合的产品，对个别评价指标进行调整也是正常的。

❺ 可操作性原则。作为决定设计方案成败的系统性设计评价体系，对于产品设计过程中各个环节应具有明确的评定要素及其测量值，并且条理清晰，操作过程应简单、方便，使之在实施过程中尽量避免或减少相互间的矛盾，便于操作。

综上所述，在建立家具设计评价体系时，既要考虑系统指标的完整、通用性与可操作性，又要遵循科学性原则，进行差异化处理，以方便快捷、客观公正地形成评价结果。

1.2 数字化设计流程及软件

1.2.1 家居数字化设计关键流程

近年来，随着我国居民生活水平的日益提升和传统家居服务模式的不断变革，以"个性化定制"为主旋律的全屋定制已成为现代家居行业的发展主流。据国务院关于社会消费零售额的公布数据显示，我国2020年家具类零售额已突破了1500亿元大关。为了满足我国巨大的家居产品需求，数字化软件被广泛应用，并成为我国家居智能制造转型升级的关键。

面向家居产品个性化的要求，数字化软件的功能模块也随之迭代更新，但具体的产品设计流程基本相近。如图1-8所示，家居设计流程主要包括前期准备、导入图纸、空间建模、产品建模、材质属性、家居配饰、环境设定、虚拟渲染和下单生产等流程。

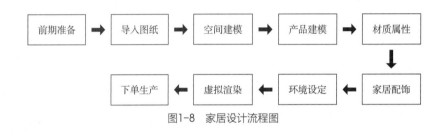

图1-8　家居设计流程图

❶ 前期准备。在家居产品设计之前，需依据户型规格和客户个性化需求，明确设计对象及具体产品规格。

❷ 导入图纸。以2D（二维）平面图为参考和依据，利用设计软件进行3D（三维）基本形状绘制。目前很多软件都支持通用格式图纸文件的导入，或者通过手绘图纸将相关信息导入。对于云设计平台的图纸信息导入，需要有强大的云数据库（2D和3D数据信息）作支撑。

❸ 空间建模。在设计软件中对室内空间结构进行绘制，包括户型结构、墙高、墙厚、门窗等，最终绘制成实体模型。

❹ 产品建模。以前期导入软件的2D和3D图纸信息作依据，在空间中绘制家居产品的3D数字模型，包括各个零部件的连接方式、结构尺寸等。

❺ 材质属性。基于家居产品模型，对不同零部件赋予相应的材质属性、外观纹理和颜色等，使其所建立的家居模型更为逼真，提高产品展示的真实感。

❻ 家居配饰。为提高家居产品展示效果，在空间模型及家居产品模型的基础上，加入一些家居配饰元素，例如摆件、绿植、挂画、灯具等。

❼ 环境设定。根据户型及空间布局设置灯光，提升客户的视觉感受和家居展示的真实感。

❽ 虚拟渲染。从可视化角度出发，采用虚拟仿真技术，将3D产品及空间模型进行渲染。并根据渲染文件，选取多种角度，给客户展示更为直观和真实的设计效果。

❾ 下单生产。与生产部门对接，将设计图纸转化为生产技术信息，指导实际生产加工。

1.2.2 家居数字化设计常用软件

目前，计算机技术发展迅速，家居数字化软件也呈多样化形式。早期设计软件是以独立软件为主，而现在家居行业占主导位置的是云设计软件系统。目前家居数字化设计软件按照不同的适用类型分可分为三种：基础设计软件、信息化设计软件和云设计平台。

1.2.2.1 基础设计软件

家居设计行业早期使用的软件以独立软件为主，它们主要的功能就是绘制图纸、三维数字建模、制作宣传图册等，最常用的软件有Photoshop、AutoCAD、Rhino、SolidWorks、3ds Max、CATIA等。

（1）Photoshop图像处理软件

"Adobe Photoshop"（简称PS）是由Adobe Systems开发和发行的一款图像处理软件，可跨平台操作使用。Photoshop主要处理以像素所构成的数字图像，对已有的位图图像进行编辑加工处理以及制作一些特殊效果，其功能强大，在图像、图形、文字等各方面都有涉及。室内、家具设计领域的从业设计师常使用Photoshop软件来处理效果图、制作广告和宣传图册。如图1-9所示为Photoshop软件图标及操作界面。

图1-9　Photoshop软件图标及操作界面

（2）AutoCAD绘图软件

AutoCAD是由美国Autodesk公司开发的一款软件，主要用于二维绘图、详细绘制、设计文档和基本三维设计，现已经成为国际上广为流行的绘图工具。AutoCAD具有良好的用户界面，通过交互菜单或命令行方式便可以进行各种操作。它的多文档设计环境，让非计算机专业人员也能很快地学会使用；在不断实践的过程中更好地掌握它的各种应用和开发技巧，从而不断提高工作效率。AutoCAD具有广泛的适应性，可以在各种操作系统支持的微型计算机和工作站上运行。AutoCAD在全球广泛使用，是适用于土木建筑、室内装潢、工程制图、家具设计等多个行业的基础软件。如图1-10所示为AutoCAD软件图标及操作界面。

AutoCAD广泛应用于土木建筑、装饰装潢、城市规划、园林设计、电子电路、机械设计、服装鞋帽、航空航天、轻工、化工等诸多领域。AutoCAD可以实现工程制图，设计制作建筑工

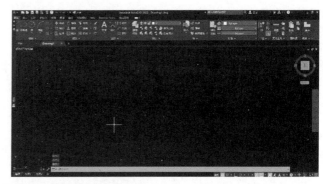

图1-10　AutoCAD软件图标及操作界面

程、装饰设计、环境艺术设计、水电工程、土木施工等工程图纸，实现工程制图的精密零件、模具、设备装配图绘制。

在不同行业中，Autodesk开发了行业专用的版本和插件。如在机械设计与制造行业中发行了AutoCAD Mechanical版本；在电子电路设计行业中发行了AutoCAD Electrical版本；在勘测、土方工程与道路设计行业中发行了Autodesk Civil 3D版本；而学校里教学、培训中所用的一般都是AutoCAD简体中文（Simplified Chinese）版本。一般没有特殊要求的服装、机械、电子、建筑行业的公司用的是AutoCAD Simplified版本，其基本是通用版本。

（3）Rhino软件

当今，由于三维图形软件的异常丰富，想要在激烈的竞争中取得一席之地，必定要在某一方面有特殊的价值。Rhino就在建模方面向三维软件的巨头们（Maya，SoftImage XSI，Houdini，3DSMAX，LightWave等）发出了强有力的挑战。自从Rhino推出以来，无数的3D专业制作人员及爱好者都被其强大的建模功能深深迷住并折服。如图1-11所示为Rhino软件图标及操作界面。

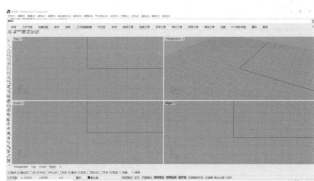

图1-11　Rhino软件图标及操作界面

首先，它是一个"平民化"的高端软件：不像Maya，SoftImage XSI等软件必须在Windows NT或Windows 2000，Windows XP，甚至SGI图形工作站的Irix上运行，并且还要搭配价格昂贵的高档显卡；而Rhino所需配置只要是Windows 95，一块ISA显卡，甚至一台很老的486主机即可运行。

其次，它不像其他三维软件那样有着庞大的"身躯"，动辄几百兆，Rhino全部安装完毕才20几兆。因此，着实诠释了"麻雀虽小，五脏俱全"这一精神。并且由于引入了Flamingo及BMRT等渲染器，其图像的真实品质已非常接近高端渲染器。

再次，Rhino不但用于CAD、CAM等工业设计，更可为各种卡通设计、场景制作及广告片头打造出优良的模型，并以其人性化的操作流程让设计人员爱不释手，而最终为学习SolidThinking及Alias打下良好的基础。

总之，Rhino3D NURBS犀牛软件是三维建模人员必须掌握的具有特殊实用价值的高级建模软件。

（4）SolidWorks**软件**

SolidWorks软件是世界上第一个基于Windows开发的三维CAD系统，由于技术创新符合CAD技术的发展潮流和趋势，SolidWorks公司于两年间成为CAD/CAM产业中获利最高的公司。良好的财务状况和用户支持使得SolidWorks每年都有数十乃至数百项的技术创新，公司也获得了很多荣誉。该系统在1995–1999年获得全球微机平台CAD系统评比第一名。从1995年，已经累计获得十七项国际大奖，其中仅从1999年起，美国权威的CAD专业杂志CADENCE连续4年授予SolidWorks最佳编辑奖，以表彰SolidWorks的创新、活力和简明。

SolidWorks软件功能强大，组件繁多。SolidWorks有功能强大、易学易用和技术创新三大特点，这使得SolidWorks成为领先的主流三维CAD解决方案。SolidWorks能够提供不同的设计方案、减少设计过程中的错误以及提高产品质量。SolidWorks不仅提供如此强大的功能，而且对每个工程师和设计者来说，操作简单方便、易学易用。如图1-12所示为SolidWorks软件图标及操作界面。

图1-12 SolidWorks软件图标及操作界面

从行业来说，机械设计行业产品几乎都可以使用SolidWorks软件进行设计，如精密仪器、风机、水泵、车辆、印刷机、农机、医疗器械、锁具、模具、工装、水冷却循环系统、灯具和测控等。SolidWorks甚至可用于家具、家装设计等。

（5）3ds Max**软件**

3ds Max是Discreet公司开发的（后被Autodesk公司合并）基于PC系统的三维空间设计、三维动画渲染和制作软件。自1990年创建以来，不同版本的3ds Max经历了越来越专业化、人性化的设计进程，在程序的编排、操作平台以及与其他绘图或渲染器的搭配上取得了相当大的突破和进展，同时拥有了全新的界面和新增功能。如图1-13所示为3ds Max软件图标及操作界面。

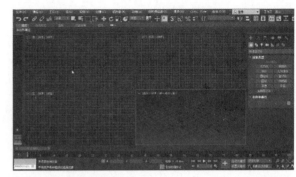

图1-13   3ds Max软件图标及操作界面

3ds Max已经发生了质的飞跃，成为世界范围内应用最广泛、功能最强大的三维空间建模软件。V-Ray渲染器的模拟渲染技术更使得3ds Max如虎添翼，成为空间设计的主力军。建筑室内行业人员不仅会用3ds Max软件来做效果图，还会用来做动画，尤其是在家具行业，在云设计平台软件大规模运用之前，能够熟练使用3ds Max是相关从业者的基本技能。

3ds Max应用范围主要有以下几大领域：

❶ 游戏美术领域。在游戏行业中，大多数游戏公司会选择使用3ds Max来制作角色模型、场景环境，这样可以最大限度地减少模型的面数，增强游戏的性能，如图1-14所示。

图1-14   游戏场景

❷ 影视动画领域。3ds Max最常应用于影视动画行业，利用3ds Max可以为各种影视广告公司制作炫目的影视广告。在电影中，利用3ds Max可以完成真实世界中无法完成的特效，甚至制作大型的虚拟场景，使影片更加震撼和真实，如图1-15所示。

图1-15 《疯狂动物城》电影海报

❸ 工业设计领域。在工业设计领域，如汽车、机械制造等行业，大多数都会使用3ds Max来为产品制作宣传动画，如图1-16所示为利用3ds Max完成的作品。

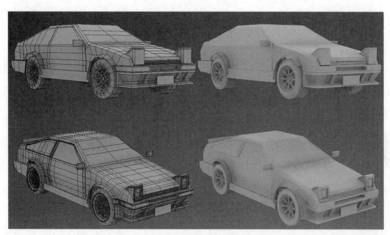

图1-16 汽车模型

❹ 室内设计领域。在国内的建筑、园林设计和室内设计行业中，有大量优秀的规划师和设计师都用3ds Max作为辅助设计和设计表现工具，通过3ds Max来诠释设计作品，产生更加强烈的视觉冲击效果，如图1-17所示。

❺ 建筑动画领域。3ds Max建筑动画被广泛应用在各个领域，内容和表现形式也呈现多样化，主要表现为布置外观、内部装修、景观园林、配套设施和其中的人物、动物、自然现象。如风雨雷电、阴晴圆缺等，将建筑和环境动态地展示在人们面前，如图1-18所示。

（6）CATIA

CATIA（交互式CAD/CAE/CAM系统）是法国达索公司的产品开发解决方案，如图1-19所示为该软件图标及具体的操作界面。作为PLM协同解决方案的一个重要组成部分，它可以通

图1-17　V-Ray渲染图

图1-18　酒店概念图

过建模帮助制造厂商设计其未来的产品，并支持从项目具体的设计、分析、模拟、组装到维护在内的全部工业设计流程。CATIA系列产品在汽车、航空航天、船舶制造、厂房设计（主要是钢构厂房）、建筑、电力与电子、消费品和通用机械制造八大领域提供3D设计和模拟解决方案。

1982—1988年，CATIA相继发布了1版本、2版本、3版本，并于1993年发布了功能强大的4版本，CATIA软件分为V4版本和V5版本两个系列。V4版本应用于UNIX平台，V5版本应用于UNIX和Windows两种平台。CATIA如今占据CAD/CAE/CAM以及PDM领域内的领导地位，已

图1-19　CATIA软件图标及操作界面

得到世界范围内的承认。CATIA提供了方便的解决方案，满足所有工业领域的大、中、小型企业需要。包括从大型的波音747飞机、火箭发动机到化妆品的包装盒，几乎涵盖了所有的制造业产品。CATIA源于航空航天业，但其强大的功能已得到各行业的认可，在欧洲汽车业其已成为标准。CATIA的著名用户包括波音、克莱斯勒、宝马、奔驰等一大批知名企业。其用户群体在世界制造业中具有举足轻重的地位。波音飞机公司使用CATIA完成了整个波音777的电子装配，创造了业界的一个奇迹，从而也确定了CATIA在CAD/CAE/CAM行业内的领先地位。

　　模块化的CATIA系列产品提供产品的风格和外形设计、机械设计、设备与系统工程、管理数字样机、机械加工、分析和模拟。CATIA产品基于开放式可扩展的V5架构，通过使企业能够重用产品设计知识，缩短开发周期，CATIA解决方案加快企业对市场需求的反应。自1999年以来，市场上广泛采用它的数字样机流程，从而使之成为世界上最常用的产品开发系统。

1.2.2.2　信息化设计软件

（1）WCC软件

　　WCC软件是一款来自德国豪迈集团适用于家具和室内设计的软件，它的全名为WOOD CAD/CAM。其中CAD（Computer Aided Design）指通过电脑来设计产品的过程；CAM（Computer Aided Manufacturing）是通过电脑设计出产品来进行产品加工。

　　Wood CAD/CAM软件使用参数化的设计方式，在建好相关基础数据库之后，通过点击鼠标即可生成三维的产品，自动生成相应的五金，可以从多个不同的角度对生成的产品结构进行检查。因此与使用AutoCAD绘图相比，具有速度更快、图形更形象、检查更方便等优点。在完成产品设计之后，可以生成三维爆炸装配图，并可以通过该软件进行拆单，自动生成所需的NC加工程序、板件清单、五金清单、封边报表等，整个过程快速准确。除根据需要打印装配图、板件及五金清单、封边报表之外，基本无须打印零件图。通过设置，板件清单、五金清单、封边报表可以单独分开或者集中在一起。拆图过程中还会自动生成可供CutRite优化软件直接调用的csv文件，从而减少了人的介入，尽可能保证准确性，且提高了优化速度。自动生成的NC程序可以通过网络技术复制到服务器的指定位置，供车间自行调用，从而避免了因编程而停机，能够实现"批量为1，调整为0"的思想。

Wood CAD/CAM软件系统主要应用于制造工厂内部的设计制造，在产品的渲染方面功能不强，不适合门店销售作为售前服务使用。根据金田豪迈的有关介绍，前端销售可以使用其推出的两款前端设计软件：3D Golden和Wood Net。它们具有很强的渲染效果，能够有效解决企业销售所面临的设计师无法根据消费者的需求进行设计，以及客户买不到效果图中所呈现的展示效果等窘境。二者均能与Wood CAD/CAM软件对接，销售设计过程中它们生成的报价单和销售计划可以直接导入Wood CAD/CAM中作进一步处理。由此收到的订单将自动转变成生产文档、部件清单和CNC程序，不再需要进行手动订单处理。因此，WCC在生产设备领域占有优势地位，它也成为其他很多设计前端软件与生产流程之间的连接器。WCC图标及操作界面如图1-20所示。

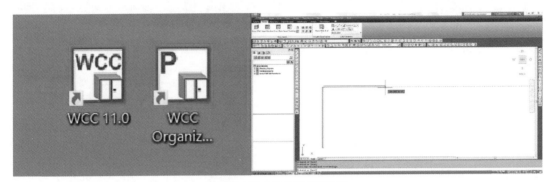

图1-20　WCC图标及操作界面

（2）TopSolid软件

TopSolid是由法国开发的系列软件，是目前世界上唯一一款将CAD/CAM完全整合的，为木工行业量身定制的数字解决方案。TopSolid在软件内部设置了很多为木工行业专门设计的3D建模功能，这一点在设计阶段和加工阶段都能够得到彰显。TopSolid在设计阶段就考虑到生产问题，从设计到加工过程中不需要格式转换。TopSolid本身就具备了较为完善的产品线，这些专用的设计功能包含了大多数的加工细节，可以适应复杂的加工需求。

TopSolid是一款将创新与科技完美结合在一起的产品。其具有数学运算与几何外形、机械与材料科学（金属、木工、钣金）、IT顶级软件界面和智能加工工序，能够将这些高新科技融入到软件之中，并且做到易于理解，简单易用，是一项创新与科技结合的创举。

TopSolid在模具、仿真和产品设计方面都是一个强大的CAD/CAM解决方案。几何建模、装配、机构计算、运动模拟等功能保证了一个强大的解决方案，完全满足工业产品概念设计、产品设计和加工的要求。TopSolid致力于提供一个集成CAD/CAM解决方案。基于这种思想，TopSolid开发出了特定的模块解决方案，以满足下面不同领域的细节要求：

❶ CAD/CAM。TopSolid Design，TopSolid Draft，TopSolid Motion，TopSolid Castor，TopSolid Mold，TopSolid Progress，TopSolid Electrode，TopSolid CAM，TopSolid Wire，TopSolid Control，

TopSolid Fold，TopSolid Punchcut，TopSolid Wood。

❷ PDM。TopSolid PDM。

❸ ERP。TopManufacturing。

TopSolid Mold能够实现塑料零件的工艺分析（拔模、倒扣、投影面积、孔等），并可根据材料自动推荐材料收缩率，还可以快速创建型芯、型腔块，同时还具备镶件、滑块、顶针、斜顶、冷却水路、浇注系统等专业模具设计功能，可以快速设计完整的3D注塑模具结构。除此之外，还能够进行集成电极设计和数控加工，一体化解决模具加工的所有问题。

TopSolid Progress是连续模/级进模专业模具设计软件，包含钣金设计、钣金识别重建功能，复杂成型钣金零件的展开功能；料带设计功能，实现不同复杂零件以及多个零件的料带设计；全3D的模具结构设计功能，快速创建冲头、剪口等模具机构；基于料带的协同设计功能，可以实现大型模具的多人协同设计；还可以进行集成线切割加工和数控编程。

TopSolid CAM能够提供数控加工解决方案来完成一些木工行业特殊设计的加工难题。它能自动辨别设计方案中的几何外形以何种加工工艺进行制造，并且与TopSolid Wood这一插件将二维设计图纸转换为三维具体实物。鉴于这款软件在实木加工这一领域的优秀表现，很多家具设计企业在设计实木家具时会优先使用这一款软件。TopSolid软件图标及操作界面如图1-21所示。

图1-21　TopSolid软件图标及操作界面

1.2.2.3　云设计平台

近年来，人们对于定制家居认识的增加和日益增长的追求，使得如何高效地进行定制化家居设计成为了一大难题，这也就催生了家居云设计平台。相较于普通成品家具，定制家具的外形和木制结构更加呈现规范化的态势，相关设计软件可以在设计时对保存在库中的预设进行排列与组合，提高生产效率且上手快捷，大大缩短了设计周期。同时，也让定制家具行业得到进一步的发展。目前，云设计平台主要有酷家乐、三维家、圆方等。

（1）酷家乐

酷家乐即VR智能室内设计在线平台，简单来说就是一款基于在线设计的室内设计综合性服务平台，该平台来自杭州群核信息技术有限公司，于2013年11月上线，之后便不断更新完善。从专业角度与业务涵盖范围来看，酷家乐这款产品的研发融合了云设计、云渲染、云计算、BIM、VR、AR、AI等多项技术，尤其致力于智能设计及云设计领域。这款在线软件产品研发的核心目的就是实现"所见即所得"的全景VR设计装修新模式，为数字化升级提供一站式的解决方案，为家居企业提供设计、营销、生产、管理、供应链等场景的解决方案和服务，为家具数字化虚拟展示提供了新的解决方案。

酷家乐提供全方位的家居设计工具，包括户型设计、硬装设计、吊顶设计、全屋定制家具设计、铺砖设计、软装设计、报价清单、施工图纸等，一站式满足家居装修需求。其平台上拥有近5年内全国90%的地产项目户型图、数万套大师级样板间、800万线上注册设计师、2500万注册用户、8000多万种商品模型素材和全球精选的软装设计、超过2万家品牌客户企业。最值得注意的是酷家乐操作平台强大的云渲染技术，相较于其他软件渲染困难的情况，酷家乐仅需10s即可生成高清效果图，还能一键生成3D全景漫游效果图，能够给用户实时看到渲染效果，真实感受设计之美。

酷家乐在帮助众多设计师提高设计能效方面（快速出图及营销方面），已经建立比较强的竞争优势，如今在众多的线下装修公司及家居门店，酷家乐3D云设计平台几乎成为室内设计师们的标配。客户借助手机端或PC端登录酷家乐3D云设计平台，可以查看众多室内设计优秀案例，并选择心仪的设计公司或设计工作室进行设计预约及下单。下单之后，平台将派单给业主提前预约好的装修设计公司进行上门量房及后续设计服务，业主甚至可以选择多家公司或设计工作室进行设计对比，确定最终设计方案。装修施工所需的装饰材料、施工工艺、项目预算将由酷家乐平台负责监管及统一管理。例如，项目施工服务可由酷家乐平台子公司派出专业监理人员负责监督管理，装修预算可分项目交由平台托管，待各个分项目逐一完工并检验合格后，再由平台逐一拨付给施工方。酷家乐的众多功能与服务为实现国内室内装修行业逐步走向电子化、统一化、制度化及智能化迈出了重要的一步。如图1-22所示为酷家乐软件图标及操作界面。

（2）三维家

三维家软件来自广东三维家信息科技有限公司，它是以家居产业为依托，依靠云计算、大数据和AI人工智能等多项核心技术打造的家居工业互联网平台。它不仅打破了传统设计模式，

图1-22　酷家乐软件图标及操作界面

提供设计云的功能，还将云概念应用到用户业务层面，提供一切可以帮到用户获得、完成家装订单的资源和服务。它是一个融线上线下为一体的智能服务平台，能够绘制平面图或直接导入，然后在材质库中添加材质设计，渲染效果非常逼真。三维家的产品十分全面，包括衣柜、橱柜、铺砖、顶墙设计软件，水电施工管理软件和定制家具生产系统等，还有许多配套的工具软件，对接生产销售十分方便。此外，它还可以与客户实时沟通，建立相互信任。并且软件中的材料是可以购买的真实产品，能够使用户方便快捷地得到需要的商品。

三维家3D云设计平台拥有大量户型图、模型库、材质贴图等，且这些资源在云平台可以实现共享。用户可以通过这款强大的软件，在几分钟内绘制自己的平面图，从平面到立体一键切换；在三维空间中，从任何角度看，视觉感觉是真实的；该平台提供了大量现成的空间案例，可以根据情况改变地板、更换沙发、更换门窗，操作非常简单直观，满足个性化设计需求；而且，三维家平台的家具都是由一线家具品牌根据实体店家具完成建模并上传到平台，都是真实并且可以购买的；用户可以在线订购或去当地商店购买，真正的线上线下集成的O2O模式。

不仅如此，三维家的免费设计平台，还为每位设计师推出了一个全包装修团购方案，用户能够直接在平台上与设计师联系，并与其沟通细节，且能以实惠的价格享受设计师提供的独家设计风格和装修服务，从而节省选择材料和购买家居用品的时间。

三维家云设计平台能够实现线上设计、选择材料、清单的报价等，从而快速提升设计效率和品质，满足市场需求，是云发展对传统行业的挑战。三维家大大改变了设计方式，提升了工作效率，为设计师和用户提供了更好的平台。如图1-23所示为三维家软件图标及操作界面。

图1-23　三维家软件图标及操作界面

（3）圆方

圆方软件由广州市圆方计算机软件工程有限公司开发，为家居企业提供全链路一体化数智升级解决方案。作为最早开启家居数字化变革的行业颠覆者之一，圆方软件不仅积累了大量以3D虚拟现实设计、云渲染引擎、AI智能应用等为代表的核心技术，更拥有丰富的家居行业应用服务实践经验。圆方依托数字化技术，以新营销、全场景、新渠道思维不断开拓创新，持续迭代行业定制化解决方案，为家居企业的未来增长提供了全新的赋能工具和发展思路，为家居企业"场景化"设计营销不断注入科技动能，并且赋能企业在数字营销、销售设计、订单管理、一体审拆、智能生产等多个核心环节进一步降本增效、提质减错，实现转型腾飞。

圆方软件革命性地把建筑领域的BIM工程管理技术融入Meta20设计平台，通过全屋装修施工工艺节点进行标准化、数字化适配，实现了隐蔽工程、软硬装、定制家具、电器等全屋施工全流程的线上装修预演能力，让新家装修装两次成为可能。不仅提升前端门店设计签单效率，更提升品牌服务质量和交付能力。

在Meta20设计平台，应用AI智能设计、全国户型库+资源库参数化定制以及光追云渲染等功能，高效地为客户提供全屋家居设计方案。同时，通过BIM深化应用，全力协助设计师在水电、暖通、空调的智能布局。在此过程中，传统装修中的平面图、效果图通过BIM技术可以将墙面、地面、吊顶、水电走线等各项信息用三维形式进行表达，通过1：1预演装修每个环节，实现设计环节与施工环节的信息同步，以虚赋实，让设计方案真正指导工程施工，所见即所得。这无疑比单靠设计图以及口说更有销售说服力，对于订单转化有着事半功倍的作用。

圆方软件的精准核算功能，可以一键查询设计中产品信息和耗材用料，系统生成最优方案，避免材料浪费，材料利用率提升20%。这样能够做到预算可控0增项，消费者不用担心装修增项问题，提升装企口碑与服务。应用图纸生成功能，配合设计效果图，一键自动生成全套CAD施工图纸，让快捷与专业无缝对接，真正全方位辅助施工，减轻设计师工作量。如图1-24所示为圆方软件图标及操作界面。

图1-24　圆方软件图标及操作界面

1.2.3 家居数字化软件设计原则及功能评估分析

1.2.3.1 家居数字化软件设计原则

（1）弹性化原则

"弹性"是定制行业信息化建设的第一原则。不论是软件系统还是企业本身，都需要具备灵活性，以应对未来市场的变化。"弹性化"是要求位于家居定制行业前端的三维设计软件能在行业迭代的浪潮中，满足客户的多样化需求，完成多种规格的家具样式的设计，并且能和后端信息制造软件联通，完成复杂规格的家具的下单生产。另外，拥有开放的软件使用生态也是"弹性化"的体现。开放的软件生态能够容纳适应新情况的插件使用，能够从容应对千变万化的需求挑战。以3ds Max为例，作为一款老牌前端设计软件，3ds Max能够兼容后续推出的各式各样的插件，这就使其拥有了通用性强的特点。

（2）系列化原则

为了提高未来定制家居的设计与后端制造效率，系列化也是评估设计软件的一种考量标准。系列化便是将相似类型的产品按照一定的序列进行合理整理和规划，形成一定的标准，进而简化产品种类、提高产品部件标准化程度。家居设计软件的系列化设计可以体现在建立有序的模型库、统一的设计风格、多种尺寸模型。

（3）模块化原则

模块化设计实质上是运用组合优化的理念来进行设计的方法论。依据设计实践中遇到的新需求和新情况创建设计模块，再将通用模块与专用模块组合在一起形成产品。在较为复杂的实木家具设计中，模块化的运用能够有效解决实木家具工艺复杂与需求多样化带来的如产品成本增加和生产出错率升高等问题。

1.2.3.2 家居数字化软件功能评估分析

如表1-1所示，不同数字化设计软件的功能侧重点各有不同。对于基础软件如3ds Max、PS而言，它的通用性更强，更有创造性，在原型建模方面更有优势。相比酷家乐和三维家这类软件而言，画面精度高，完成度更高。而酷家乐和三维家这类数字化设计软件更偏向于进行全屋定制。相比于基础设计软件，它们更容易上手，且效果图质量较好。但作为线上云设计平台，这两款软件在使用过程中对网络和服务器的要求较高。在对接生产方面，酷家乐和三维家能够无障碍接入各类数字生产设备，无须第三方软件进行文件格式的转换。圆方相较于酷家乐和三维家，它在对接生产方面有自己研发的生产系统，形成了一定的软件适用生态。

表1-1 家居数字化软件功能分析

软件	主要功能	数据云端	建模功能	渲染效果	图纸生成	生产对接
3ds Max、PS 等	通用性强，适用于各个行业	无	功能多样	效果质量优秀，但速度慢、上手困难	无须导出	需接入第三方软件
酷家乐	家居、家具设计	有	户型设计与家具定制	效果质量较好、出图速度快、上手容易	自动生成	以JSON文件导出，直接导入生产系统
三维家	家具设计	有	户型设计与家具定制	效果质量较好、出图速度快、上手容易	自动生成	生成NC加工文件，无障碍接入各类数字控制设备，所有过程数字化管理
圆方	家具设计	有	户型设计与家具定制	效果质量较好、出图速度快、上手容易	自动生成	圆方家具生产设计系统

1.3 家居产业数字化设计的发展现状与趋势

1.3.1 家居产业数字化设计的发展现状

随着智能制造时代的到来，以"个性化定制"为主旋律的商业模式和"柔性化制造"为核心的制造模式正快速席卷整个传统制造业。传统制造业应以快速转型和升级来适应这种变革，数字化设计和制造在此背景下应运而生。设计是任何产品制造的灵魂，据统计，产品设计阶段对生产周期的总成本影响通常占70%左右，产品设计不合理将直接导致成本及质量问题。

国内外关于家居产品的数字化设计的研究主要以产品的标准化、系列化设计为主。随着定制家居的快速发展，各类管控软件在家居企业的应用，数字化设计逐渐进入设计、制造和管理的一体化技术方向发展。目前，我国家居数字化设计与制造技术的发展大致为四个阶段。

第一阶段，以家具数字化设计软件研发为主。自主开发了家具零部件及结构CAFD系统、家具结构设计FCAD系统、室内设计和家具造型设计CAD系统、刨花板家具结构强度有限元分析SFCAD系统和32mm系列板式家具设计DLFDH系统、家具造型设计FCAD系统等。数字化设计软件系统理论研究取得一定的成果，但由于缺少软件维护与技术升级措施，数字化设计的功能受限，推广和应用范围有限。

第二阶段，以国外设计软件的引进及软件间的接口分析为主。引进Autodesk公司AutoCAD计算机辅助设计通用平台，由于其易学、易用，且具有二次开发接口，得到家具企业的认可。同时，一些橱柜设计专业软件陆续被引入，如KCD Cabinet De-signer、Cabinet Pro、Cabinet Vision Solid等。由于软件格式不兼容或未汉化、价格贵、售后服务及技术支持渠道不畅等问题，此类数字化设计系统多数仅限于少数外资或OEM企业使用，但为我国家具行业数字化转型和数字化设计快速发展奠定了一定基础。

第三阶段，以国内外家具数字化设计软件定制开发为主，如2020、Imos 3D、TopSolid Wood、Mi-crovellum等。此类设计软件的共同特点是能提供家具数字化设计的解决方案和技术支持，因而深受家具企业的喜爱，并逐渐成为一些定制家具企业必备的设计工具。随着大规模定制家具和数字化管理的快速发展，家具企业的数字化设计和制造转型成为企业生存和发展的核心竞争力。在此背景下，国内的SAP、Oracle、Epicor、WCC、2020、IMOS、TopSolid、鼎捷、金蝶、用友、广州伟伦、广州华广、造易、商川等通用软件，逐渐成为制造行业常用的数字化设计和管控系统的主要代表。同时，国内家具企业和软件企业也开始结合定制家居的自身特点，开发家具企业专用软件，如东莞数夫、广州联思等。

第四阶段，以家具数字化设计在线展示为主。国内部分专业软件企业开始结合定制家具设计过程中的不同功能特点，开发家居数字化设计的拆单、渲染等功能软件。以广州犀牛R5、圆方、三维家、酷家乐等为代表，逐渐在家具行业中取得了相对稳固的地位，形成了国产家具数字化设计功能软件多足鼎立的局面。与引入国际化成熟的软件及作业标准（标准化导入式）相比，国产软件由于是为企业量身定制，更加适合我国家具企业数字化设计的实际需求，迅速打开了我国家具产品数字化设计的市场。

1.3.2 家居产业数字化设计的发展趋势

现今，大多数家具（家居）企业已经意识到数字化是行业发展趋势，并引进了数字化设计、数字化生产、数字化管理等软件产品和设备。但在家具（家居）产品数字化设计过程中，还存在数字化设计技术应用程度不够深入、数字化设计技术应用全局意识薄弱以及数字化设计技术应用专业人才缺乏等问题。

随着计算机技术与信息网络技术的不断发展，数字化设计与制造技术的不断进步，以及用户个性化需求和大规模定制的普及与应用，家具（家居）产品数字化设计的发展趋势主要有以下方向：

（1）基于产品标准化和模块化的参数化建模技术不断增强

家具（家居）产品的设计，首先需要根据市场用户需求的调研分析和企业家具（家居）产品或产品族体系的规划构建，进行标准化和模块化设计，应用参数化建模技术，以搭建产品数据库或模型库。其次可以再根据具体用户的实际需求（如室内户型、家居品类、材料、风格等），从产品数据库或模型库中调用模型或修改模型参数来配置用户需求的家居产品。同时，还可以进行非标模块的设计，既能够满足用户的个性化定制需求，又能够丰富企业产品数据库或模型库。

（2）基于CAD/CAE/CAPP/CAM/PDM一体化的产品数字化设计能力不断提升

数字化设计技术的应用是通过数字化设计平台（设计软件系统）将家具（家居）产品设计全过程的各个环节连接起来，并通过CAD/CAE/CAPP/CAM/PDM一体化集成和并行协同，实现以数字模型和参数化的数据驱动进行快速便捷的产品数字化设计和数字化制造。

（3）基于CAD/CAE/CAPP/CAM/PDM与PLM/CRM/SCM /ERP/APS/MES/WMS等集成的数字化设计与制造技术应用不断扩大

信息化改造和数字化转型实施完善的企业或工厂，除了一般具有CAD/CAE/CAPP/CAM/PDM之外，其软件还包括立足于产品生命周期管理PLM的前端三维设计与效果渲染，以及客户关系管理CRM、供应链管理SCM、后端生产拆单、高级计划与排程APS、制造执行系统MES、资源计划管理系统ERP和仓库管理系统WMS等软件。其中，CAD/CAE/CAPP/CAM/PDM技术主要用于实现产品的设计、工艺和生产制造及其管理的数字化；PLM、CRM和SCM主要用于企业及其上下游之间与产品整个生命周期相关的信息的管理和应用；ERP是以实现企业人、财、物、产、供、销的管理为目标；APS是利用先进的数字信息技术、规划控制技术和生产仿真技术等，在考虑订单、存货、物料、产能与生产现场等条件下，进行物料需求计划与生产规划及排程，以确保订单与生产进度的有效平衡；MES面向制造企业车间执行层的生产信息和数据管理；WMS用于控制并跟踪仓库业务的物流和成本管理的过程。在家具（家居）产品设计生产制造过程中，只有打造一个软件系统有效集成的数字化设计与制造协同管理平台，实现设计生产管理各软硬件之间的接口互联互通和无缝对接，才能充分发挥系统的集成应用功能，确保设计信息和数据共享的转换通畅，提高产品质量稳定性和降低订单出错率，从而使企业真正实现产品的数字化设计、数字化制造和数字化管理。

✎ 作业与思考题

1. 什么是数字化设计技术？
2. 家具设计原则包括哪些？
3. 家居数字化设计关键流程有哪些？
4. 列举几款家居数字化设计常用软件，并阐明其主要用途。

第 2 章 家居数字化设计关键技术

🎯 **本章重点**

1. 家居数字化设计关键流程。
2. 家居数字化设计常用软件及其应用现状。

2.1 数字化造型技术

2.1.1 数字化造型技术基础

产品设计（造型），是一个创造性的综合信息处理过程。通过多种元素如线条、符号、数字、色彩等方式的组合把产品的形状以平面或立体的形式展现出来。它是将人的某种目的或需要转换为一个具体的物理或工具的过程，是把一种计划、规划设想、问题解决的方法通过具体的操作以理想的形式表达出来的过程。

产品数字化造型，即产品的数字化建模，利用计算机系统，以数学方程式产生直线、曲线和各种形状，并描述物体的形状和它们之间的空间关系。例如，计算机辅助设计（CAD）程序可在屏幕上生成物体，依据物体相互之间的关系实现二维或三维空间关系的精确放置。

2.1.1.1 产品造型设计流程

（1）构思创意草图

这一阶段是整个产品设计最为重要的阶段，它将决定产品设计的成本和效果。通过思考形成创意，并加以快速记录。这一设计初期阶段的想法常表现为一种即时闪现的灵感，缺少精确尺寸信息和几何信息。基于设计人员的构思，通过草图勾画方式记录，绘制各种形态或者标注记录下设计信息，确定3~4个方向，再由设计师进行深入设计。

（2）平面效果图

2D效果图将草图中模糊的设计结果确定化、精确化。通过这个环节生成精确的产品平面设计图，可以清晰地向客户展示产品的尺寸和大致的体量感，表达产品的材质和光影关系，是设计草图后更加直观和完善的表达。

（3）多角度结构设计

多角度效果图，让人更为直观地从多个视觉角度去感受产品的空间体量，全面评估产品设计，减少设计的不确定性。包括设计产品内部结构，产品装配结构以及装配关系，评估产品结构的合理性，按设计尺寸，精确地完成产品各个零件的结构细节和零件之间的装配关系等。

（4）产品色彩与标志设计

产品色彩设计可以用来解决客户对产品色彩系列的要求，通过计算机调配出色彩的初步方案，来满足同一产品不同的色彩需求，扩充客户产品线。

产品表面标志设计将成为面板的亮点，给人带来全新的生活体验。简洁明晰的LOGO，提供亲切直观的识别感受，同时也成为精致的细节。

2.1.1.2 产品数字化造型设计主要内容

（1）参数化设计

参数化设计是Revit Building的一个重要思想，它分为两个部分：参数化图元和参数化修改引擎。

（2）智能化技术

智能化技术在其应用中主要体现在计算机技术、精密传感技术、GPS定位技术的综合应用上。随着产品市场竞争的日趋激烈，产品智能化优势在实际操作和应用中得到非常好的运用。

（3）基于特征设计

基于特征设计是一种基于特征的CAD系统实现方法，它使设计者按照特征进行产品建模，而在基于特征的CAD系统中特征的描述和修改是两个重要的问题。

（4）单一数据库与相关性设计

单一数据库就是与产品相关数据来自同一数据库，建立在单一数据库基础上的产品开发，可以保证任何设计改动都将及时反映到其他相关环节。实现产品相关性设计，有利于减少设计差错，提高设计质量，缩短开发周期。

（5）几何建模技术

几何建模是指用计算机及其图形系统来描述和处理物体的几何和拓扑信息，建立计算机内部模型的过程。几何建模包含了物体的几何形状等基本结构信息，因此几何建模技术是虚拟制造的基础。

（6）标准化

由于数字化设计软件产品来自不同地区与厂商，相互兼容问题就显得尤为重要，为实现信息共享，相关软件必须支持跨平台异构，就需要数据转换的标准化，如IGES、STEP等。

2.1.2 建模基础

任何复杂形体都是由基本几何元素构成的。几何造型就是通过对几何元素进行各种变换、处理以及集合运算，以生成所需几何模型的过程。因此，了解空间几何元素的定义及形体设计与制造过程中坐标应用，有助于理解和掌握几何造型技术，也有助于熟悉不同软件提供的造型功能。

2.1.2.1 形体的定义

（1）点

点（Vertex）是零维几何元素，也是几何造型中最基本的几何元素，任何形体都可以用有序的点的集合来表示。利用计算机存储、管理、输出形体的实质就是对点集及其连接关系的处理。点有不同种类，如端点、交点、切点、孤立点等。在形体定义中，一般不允许存在孤立点。在自由曲线及曲面中常用到三种类型的点，即控制点、型值点和插值点。控制点也称特征点，它用于确定曲线、曲面的位置和形状，但相应的曲线或曲面不一定经过控制点。型值点用于确定曲线、曲面的位置和形状，并且相应的曲线或曲面一定要经过型值点。插值点则是为了提高曲线和曲面的输出精度，或为便于修改曲线和曲面的形状，而在型值点或控制点之间插入的一系列点。

（2）边

边（Edge）是一维几何元素，它是指两个相邻面或多个相邻面之间的交界。正则形体的一条边只能有两个相邻面，而非正则形体的一条边则可以有多个相邻面。边由两个端点界定，即边的起点和边的终点。直线边或曲线边都可以由它的端点定界，但曲线边通常是通过一系列的型值点或控制点来定义，并以显式或隐式方程式来表示。另外，边具有方向性，它的方向是由起点沿边指向终点。

（3）面

面（Face）是二维几何元素，它是形体表面一个有限、非零的区域。面的范围由一个外环和若干个内环界定（图2-1）。一个面可以没有内环，但必须有且只能有一个外环。面具有方向性，一般用面的外法矢方向作为面的正方向。外法矢方向通常由组成面的外环的有向棱边，并按右手法则确定。几何造型系统中，常见的面的形式有平面、二次曲面、柱面、直纹面、双三次参数曲面等。

（4）环

环（Loop）是由有序、有向边（直线段或曲线段）组成的面的封闭边界。环中的边不能相交，相邻边共享一个端点。环有内外环之分，确定面的最大外边界的环称为外环，确定面中内孔或凸台边界的环称为内环。环也具有方向性，它的外环各边按逆时针方向排列，内环各边则按顺时针方向排列。

（5）体

体（Object）是由封闭表面围成的三维几何空间。通常，把具有维数一致的边界所定义的形体称为正则形体。非正则形体的造型技术将线框、表面和实体造型统一起来，可以存取维数不一致的几何元素，并对维数不一致的几何元素进行求交分类，扩大了几何造型的应用范围。通常，几何造型系统都具有检查形体合法性的功能，并删除非正则实体。

（6）壳

壳（Shell）由一组连续的面围成。其中，实体的边界称为外壳；如果壳所包围的空间是空集，则为内壳。一个体至少有一个壳组成，也可能由多个壳组成。

（7）形体的层次结构

形体的几何元素及几何元素之间存在以下两种信息：

❶ 几何信息。用于表示几何元素的性质和度量关系，如位置、大小、方向等。

❷ 拓扑信息。用于表示各几何元素之间的连接关系。总之，形体在计算机内部是由几何信息和拓扑信息共同定义的，一般可以用如图2-1所示结构表示。

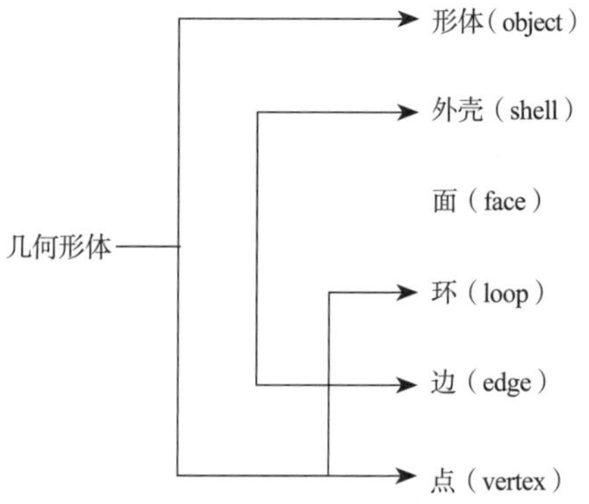

图2-1　几何形体的层次结构

2.1.2.2 设计与制造系统坐标系

为了说明质点的位置、运动的快慢、方向等，必须选取其坐标系。在参照系中，为确定空间一点的位置，按规定方法选取的有次序的一组数据，称作"坐标"。在某一问题中规定坐标的方法，就是该问题所用的坐标系。

坐标系的种类很多，常用的坐标系有笛卡尔直角坐标系、平面极坐标系、柱面坐标系（或称柱坐标系）和球面坐标系（或称球坐标系）等。

从广义上讲，事物的一切抽象概念都是参照于其所属的坐标系存在的，同一个事物在不同的坐标系中就会有不同抽象概念来表示，坐标系表达的事物有联系的抽象概念的数量（即坐标轴的数量）就是该事物所处空间的维度。

虚拟机床运动模型的建立涉及三个坐标系：世界坐标系、参考坐标系（运动坐标系）和局部坐标系（静坐标系）。

世界坐标系决定了整个加工中心的空间位置，它在窗口中的位置和姿态的变化取决于视点和坐标原点的变化，分别由视点变换矩阵和窗口投影变换矩阵表示。参考坐标系定义了被研究的零部件在运动时的参考坐标系，加工中心零部件的运动可分解成参考坐标系下的直线运动和旋转运动。局部坐标系固连在加工中心运动的零部件上，它反映零部件在参考坐标系下的位置和方向。

这三个坐标系是求解虚拟加工仿真过程中各部件在世界坐标系下位置的有效手段。对虚拟机床而言，世界坐标系的原点通常建立在床身基座上，采用笛卡儿坐标系；局部坐标系的原点建立在运动部件上，坐标轴的方向与世界坐标系的方向一致；参考坐标系则是描述零部件运动关系时引进的坐标系。在数字化设计与制造过程中，采用坐标不同，如图2-2所示。

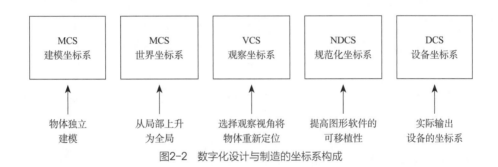

图2-2　数字化设计与制造的坐标系构成

❶世界坐标系（World Coordinate System，WCS），也称全局坐标系（global coordinate system）或用户坐标系。

❷建模坐标系（Modeling Coordinate System，MCS），也称局部坐标系（local coordinate system）或主坐标系（master coordinate system）。

❸观察坐标系（Viewing Coordinate Systems，VCS），是左手三维直角坐标系，用于从观察者的角度对世界坐标系内的物体进行重新定位和描述。

❹成像坐标系（Imaging Coordinate Systems，ICS），是一个二维坐标系，它定义在成像平面上。

❺规格化设备坐标系（Normolizing Device Coordinate System，NDCS），也是左手三维直角坐标系。

❻ 设备坐标系（Device Coordinate System，DCS），也称屏幕坐标系（screen coordinate system）。

数字化造型技术是基于数字化制造设备的三个坐标系（即机械坐标系、编程坐标系和工件坐标系）的计算机辅助设计。

机械坐标系的原点是生产厂家在制造机床时的固定坐标系原点，也称机械零点。它是在机床装配、调试时已经确定下来的，是机床加工的基准点。在使用中，机械坐标系是由参考点来确定的，机床系统启动后，进行返回参考点操作，机械坐标系就建立了。坐标系一经建立，只要不切断电源，坐标系就不会变化。

编程坐标系是编程序时使用的坐标系，一般我们把 Z 轴与工件轴线重合，X 轴放在工件端面上。工件坐标系是机床进行加工时使用的坐标系，它应该与编程坐标系一致。能否让编程坐标系与工坐标系一致，是操作的关键。在使用中我们发现，FANUC系统与航天数控系统的机械坐标系确定基本相同，都是在系统启动后回参考点确定。

工件坐标系（Workpiece Coordinate System）固定于工件上的笛卡尔坐标系，是编程人员在编制程序时用来确定刀具和程序起点的，该坐标系的原点由编程人员根据具体情况确定，但坐标轴的方向应与机床坐标系一致，并且与之有确定的尺寸关系。

2.1.3 形体建模及表示形式

建模技术是产品信息化的源头，是定义产品在计算机内部表示的数字模型、数字信息及图形信息的工具，它为产品设计分析、工程图生成、数控编程、数字化加工、数字化装配，以及生产过程管理等提供有关产品信息描述与表达方法，是实现虚拟制造的前提条件和核心内容之一。

目前常用的产品建模方式主要有几何建模和特征建模两种，其中又包含参数化设计和变量化设计等技术。

2.1.3.1 几何建模

几何建模是指用计算机及其图形系统来描述和处理物体的几何和拓扑信息，建立计算机内部模型的过程。几何信息一般指物体在空间中的形状、位置和大小；拓扑信息则是物体各分量的数目及其相互间的连接关系。由于几何建模包含了物体的几何形状等基本结构信息，因此几何建模技术是虚拟制造的基础。

三维几何建模主要有线框建模、表面建模（造型）和实体建模（造型）三种方式。

（1）线框建模

线框建模是指利用边界线和轮廓线来描述几何体模型的方法，它是用基本线素来定义的。线框建模数据结构简单，存储量小，运算速度快。但这种模型包含的信息有限，不能提供设计目标的棱线部分构成的立体框架图。

用线框建模方法生成的实体模型由一系列的直线、圆弧、点及自由曲线组成，描述的是产品的轮廓外形，在计算机内部生成三维影像，还可实现视图变换和空间尺寸的协调。

线框模型的数据结构是表结构，在计算机内部存储的是物体顶点及棱线的信息，将物体的几何信息和拓扑信息层次清楚地记录在顶点表及边表中，这样就构成了三维物体的全部信息。但这种模型包含的信息有限，不能提供三维实体完整且严密的几何模型，容易出现二义性，无法计算物体的重心和体积等，也不含物体的物理属性，无法检测物体间的碰撞和干涉等。因此，这种建模方法有逐渐被表面建模技术和实体建模技术取代的趋势，但它是表面模型和实体模型的基础，一般作为这两种建模方法输入数据的辅助手段，故仍有一定的应用。

（2）表面建模（造型）

表面建模是通过对实体的各个表面或曲面进行描述而构造实体模型的一种三维建模方法。表面建模时，常利用线框功能先构造线框图，然后用扫描或旋转等手段将其变成曲面，也可用系统提供的许多曲面因素来建立各种曲面模型。该模型在线框模型的基础上增加了环和边的信息及表面特征、棱边的连接方向等内容，比线框模型多了一个面表，记录了边、面间的拓扑关系。但仍缺乏面和体之间的拓扑关系，没有物理属性，仍然不是实体模型。

根据形体表面的不同，可分为平面建模和曲面建模。

❶平面建模。平面建模是将形体表面划分成一系列多边形网格，每一个网格构成一个小的平面，用这一系列小的平面逼近形体的实际表面。

平面建模可用最少的数据精确地表示多面体，但对一般的曲面物体来说，所需表示的精度越高，网格就必须越小且越多，这就使平面模型具有存储量大、精度低、不便于控制等缺点，因而平面模型逐渐被曲面模型取代。

❷曲面建模。曲面建模的重点是由给出的离散点数据构成光滑过渡的曲面，使这些曲面通过或者逼近这些离散点，主要适用于其表面不能用简单数学模型进行描述的复杂物体型面，如汽车、飞机、船舶、水轮机叶片、家用电器以及地形地貌的描述等。

曲面建模中，对于曲面或者曲线一般不用多元函数方程直接描述，而是用参数方程的形式来表示。该方法是在拓扑矩形的边界网格上，利用混合函数在纵向和横向两对边界曲线间构造光滑过渡的曲线，即把需要建模的曲面划分为一系列曲面片，用连接条件对其进行拼接而生成整个曲面。采用曲面时，需要处理曲面光顺、曲面求交和曲面裁减等问题。

曲面建模在描述三维实体信息方面要比线框模型严密完整，能够构造出复杂的曲面，可计算表面积和进行有限元网格划分，还能产生数控加工刀具轨迹。但曲面建模理论复杂，而且缺乏实体内部信息，有时会出现二义性。

对于一个实体而言，可用不同的曲面造型方法来构造相同的曲面，选用哪种方法更好一般有两个衡量标准：一是要能更准确体现设计者的设计思想和设计原则；二是看哪种方法产生的模型能够准确、快速和方便地产生数控加工的刀具轨迹，即更好地为后续的CAE和CAM服务。

（3）实体建模（造型）

实体建模（Solid Model）是一种具有封闭空间、能提供三维形体完整的几何信息模型。因此，它所描述的形体是唯一的。

实体建模技术是指利用一些基本体素或扫描体等通过集合运算（布尔运算）生成复杂实体模型的一种建模技术。实体建模主要包括基本实体的生成和基本实体之间的布尔运算（并、交、差）两部分。

按照物体生成方法的不同，基本实体的生成方法主要可分为体素法和扫描法两种。

❶ 体素法。体素法是通过基本体素的集合运算构造几何实体的建模方法。每一基本体素具有完整的几何信息，是真实而唯一的三维实体。体素法包括基本体素的定义与描述，以及体素之间的集合运算。

❷ 扫描法。扫描法是将平面内的封闭实曲线进行扫描变换（如平移、旋转和放样等）形成实体模型的方法。扫描变换一般需要两个分量，一是被移动的基体，二是移动的路径。扫描法可分为平面轮廓扫描和整体扫描。平面轮廓是预先定义一个封闭的截面轮廓，再定义该轮廓移动的轨迹或旋转的中心线、旋转角度，就可得到所需实体。

（4）实体建模中的计算机内部表示

三维实体建模过程中，在计算机内部存储的信息不是简单的边线或顶点信息，而是比较完整地记录了生成物体的各个方面的数据。

三维实体的计算机内部定义方法很多，常见的有边界表示法、构造实体几何法、混合表示法、空间单元法、半空间法等。下面主要介绍边界表示法、构造实体几何法和混合表示法。

❶ 边界表示法（Boundary Representation），简称B-Rep法。其基本思想是一个形体可以通过包容它的面来表示，而每一个面又可用构成此面的边来描述，边通过点，点通过三个坐标值来定义。由于它通过描述形体的边界来表示形体，而形体的边界就是其内部点与外部点的分界面，故称为边界表示法。

❷ 构造实体几何法（Constructive Solid Geometry），简称CSG法。其基本思想是，任何复杂的实体都可通过某些简单的体素（基本体素）加以组合来表示，通过描述基本体素（如球、柱等）和它们的集合运算（如并、交、差等）来构造实体。

❸ 混合表示法（Hybrid Model）。B-Rep法和CSG法都有各自的优缺点，单独使用都不能很好地满足实体建模的各种要求。混合表示法就是建立在B-Rep法和CSG法基础上，将两者结合起来形成的实体描述方法。一般采用CSG模型来描述几何造型的过程及其设计参数，而用B-Rep模型来描述详细的几何信息和进行显示、查询等操作。CSG和B-Rep信息的相互补充确保了几何模型信息的正确和完整。目前大多数CAD/CAM系统都采用这种混合表示法进行造型建模。

2.1.3.2 特征建模

在产品设计过程中，工程技术人员不仅要关心产品的结构形状、公称尺寸，而且还要关心其尺寸公差、形位公差、表面粗糙度、材料性能和技术要求等一系列对实现产品功能极为重要的非几何信息。

三维几何建模技术只较详细地描述了物体的几何信息和相互之间的拓扑关系，但无法充分有效地描述这些非几何信息，这就给CAD/CAM的集成带来了困难。于是，近年发展起来一种称为特征建模的建模技术。特征建模技术使得虚拟制造系统在描述零件信息时，信息含量更为丰富，也更加接近实际加工要求。PRO/E、UG等软件的许多基本设计单元就是基于特征建模技术来定义和实现的。

（1）**特征的定义**

特征是指具有工程含义的几何实体，是为了表达产品的完整信息而提出的一个概念。特征是对诸如零件形状、工艺和功能等与零件描述相关的信息集的综合描述，是反映零件特点的可按一定规则分类的产品描述信息。因此，产品特征是产品形状特征和产品工程语义信息的集合。

理解特征概念时，必须注意：

❶ 特征不是体素，不是某个或某几个加工面。

❷ 特征不是一个完整的零件。

❸ 特征的分类与该表面加工工艺规程密切相关，用不同加工方法加工实现的表面或零件需要定义成不同的特征。例如，直径较小的孔可以通过一次加工而成；而直径较大的孔，当加工精度相同时，可能毛坯上还带有预铸孔，或经多次加工，则需用不同的加工方法实现，这就要定义两种不同的特征。

❹ 描述特征的信息中，除表达形状的几何信息及约束关系外，还应包含材料、精度等信息。

❺ 通过定义简单的特征，还可生成组合特征。

（2）**特征的分类**

特征的分类与零件类型、具体的工程应用有关。通常可分为以下几类：形状特征、精度特征、材料特征、技术特征、装配特征、管理特征等。其中，形状特征是描述产品的最主要和最基本的特征。形状特征又可分为不同类型，如根据制造方法不同，可分为铸、锻、焊等；根据零件类型不同，可分为轴盘类、板块类、箱体类、自由曲面类等；根据零件在设计过程中的作用不同，可分为主特征和辅特征，或基特征、正特征和负特征等。

目前，人们正在试图用特征来反映机械产品数字化设计与制造中的各种信息，它所包含的信息和内容还在不断增加。与产品数字化设计有关的特征包括：

❶ 形状特征（Form Feature）。用于描述具有一定工程意义的几何形状信息。它是产品信息模型中最主要的特征信息之一，也是其他非几何信息（如精度特征、材料特征等）的载体。非几何信息可以作为属性或约束附加在形状特征的组成要素上。形状特征又分为主特征和辅特征。其中，主特征用于构造零件的主体形状结构，辅特征用于对主特征进行局部修改，并依附于主特征。辅特征又有正负之分。正特性向零件加材料，如凸台、筋等形状实体；负特性向零件减材料，如孔、槽等形状。辅特征还包括修饰特征，用来表示印记和螺纹等。

❷ 装配特征（Assembly Feature）。用于表达零部件的装配关系。此外，装配特征还包括装配过程中所需的信息（如简化表达、模型替换等），以及在装配过程中生成的形状特征（如配钻等）。

❸ 精度特征（Precision Feature）。用于描述产品几何形状、尺寸的许可变动量及其误差，如尺寸公差、形位公差、表面粗糙度等。精度特征又可细分为形状公差特征、位置公差特征、表面粗糙度等。

❹ 材料特征（Material Feature）。用于描述材料的类型、性能以及热处理等信息。例如，机械特性、物理特性、化学特性、导电特性、材料处理方式及条件等。

❺ 性能分析特征（Analysis Feature），也称技术特征，用于表达零件在性能分析时所使用的信息，如有限元网格划分等。

❻ 补充特征，也称管理特征，用于表达一些与上述特征无关的产品信息。例如，成组技术中用于描述零件设计编码等的管理信息。

特征造型是以实体模型为基础、用具有一定设计或加工功能的特征作为造型的基本单元，如槽、圆孔、凸台、倒角等来建立零件的几何模型的造型技术。与采用点、线、面的几何元素相比，利用特征进行的设计更加符合设计人员的设计思路，有利于提高设计工作效率。

（3）特征造型的特点

与传统造型方法相比，特征造型（Feature-based Modeling）具有如下特点：

❶ 传统造型技术，如线框造型、曲面造型和实体造型，都是着眼于完善产品的几何描述能力。特征造型则着眼于如何更好地表达产品完整的技术及生产管理信息，以便为建立产品的集成信息模型服务。

❷ 特征造型使产品数字化设计工作在更高的层次上进行，设计人员的操作对象不再是原始的线条和体素，而是产品的功能要素，如螺纹孔、定位孔、键槽等。特征的引用直接体现了设计意图，使得所建立的产品模型更容易为别人理解、所设计的图样更容易修改，也有利于组织生产，从而使设计人员可以有更多精力进行创造性构思。

❸ 特征造型有助于加强产品设计、分析、工艺准备、加工、装配、检验等各部门之间的联系，更好地将产品的设计意图贯彻到后续环节，并及时得到后者的反馈信息。

❹ 特征造型有助于推动行业内产品设计和工艺方法的规范化、标准化和系列化，在产品设计中及早考虑制造要求，保证产品结构具有良好的工艺性。

❺ 特征造型有利于推动行业及专业产品设计，有利于从产品设计中提炼出规律性知识及规则，促进产品智能化设计和制造的实现。

2.1.4 虚拟装配技术

产品由若干个零件和部件组成，按照规定的技术要求，将若干个零件接合成部件或将若干个零件和部件接合成产品，并经过调试、检验，使之成为合格产品的过程称为装配。

虚拟装配即利用数字化设计软件在计算机上将设计的三维模型进行预装配，也称作数字化装配技术。作为虚拟制造的关键技术之一，虚拟装配技术近年来受到了学术界和工业界的广泛关注，并对敏捷制造、虚拟制造等先进制造模式的实施具有深远影响。通过建立产品数字化装配模型，虚拟装配技术在计算机上创建近乎实际的虚拟环境。可以用虚拟产品代替传统设计中的物理样机，能够方便地对产品的装配过程进行模拟与分析，预估产品的装配性能，及早发现潜在的装配冲突与缺陷，并将这些装配信息反馈给设计人员。

虚拟装配在新产品开发、产品维护以及操作培训方面具有独特的作用。运用该技术不但有利于并行工程的开展，还可以大大缩短产品开发周期，降低生产成本，提高产品在市场中的竞争力。

2.1.4.1 虚拟装配技术应用特征

基于产品虚拟拆装技术在交互式虚拟装配环境中，用户使用各类交互设备（数据手套/位置跟踪器、鼠标/键盘、力反馈操作设备等）像在真实环境中一样对产品的零部件进行各类装配操作。在操作过程中系统提供实时的碰撞检测、装配约束处理、装配路径与序列处理等功能，从而使得用户能够对产品的可装配性进行分析、对产品零部件装配序列进行验证和规划、对装配操作人员进行培训等。在装配（或拆卸）结束以后，系统能够记录装配过程的所有信息，并生成评审报告、视频录像等供随后的分析使用。

虚拟装配是虚拟制造的重要组成部分，利用虚拟装配，可以验证装配设计和操作的正确与否，以便及早发现装配中的问题，对模型进行修改，并通过可视化显示装配过程。虚拟装配系统允许设计人员考虑可行的装配序列，自动生成装配规划，包括数值计算、装配工艺规划、工作面布局、装配操作模拟等。产品制造正在向着自动化、数字化的方向发展，虚拟装配是产品数字化定义中的一个重要环节。

虚拟装配技术的发展是虚拟制造技术的一个关键部分，但相对于虚拟制造的其他部分而言，它又是最薄弱的环节。虚拟装配技术发展滞后，使得虚拟制造技术的应用性大大减弱。因此，虚拟装配技术的发展，也就成为目前虚拟制造技术领域内研究的重点。这一问题的解决将使虚拟制造技术形成一个完善的理论体系，使生产真正在高效、高质量、短时间、低成本的环境下完成，同时又具备了良好的服务。虚拟装配从模型重新定位、分析方面来讲，它是一种零件模型按约束关系进行重新定位的过程，是有效分析产品设计合理性的一种手段；从产品装配过程来讲，它是根据产品设计的形状特性、精度特性，真实模拟产品的三维装配过程，并允许用户以交互方式控制产品的三维真实模拟装配过程，以检验产品的可装配性。

2.1.4.2 虚拟装配的分类

按照实现功能和目的的不同，目前针对虚拟装配的研究可以分为以下三类：以产品设计为中心的虚拟装配、以工艺规划为中心的虚拟装配和以虚拟原型为中心的虚拟装配。

（1）以产品设计为中心的虚拟装配

在产品设计过程中，为了更好地进行与装配有关的设计决策，在虚拟环境下对计算机数据模型进行装配关系分析。它结合面向装配设计（Design for Assembly，DFA）理论和方法，从设计原理方案出发，在各种因素制约下寻求装配结构的最优解，由此拟定装配草图。它以产品可装配性的全面改善为目的，通过模拟试装和定量分析，找出零部件结构设计中不适合装配或装配性能不好的结构特征来进行设计修改。最终保证所设计的产品从技术角度来讲装配是合理可行的，从经济角度来讲是最大化降低产品总成本的，同时还必须兼顾人因工程和环保等社会因素。

（2）以工艺规划为中心的虚拟装配

针对产品的装配工艺设计问题，基于产品信息模型和装配资源模型，采用计算机仿真和虚拟现实技术进行产品的装配工艺设计，从而获得可行且较优的装配工艺方案，指导实际装配生产。根据涉及范围和层次的不同，又分为系统级装配规划和作业级装配规划。前者是装配生产的总体规划，主要包括市场需求、投资状况、生产规模、生产周期、资源分配、装配车间布置、装配生产线平衡等内容，是装配生产的纲领性文件。后者主要指装配作业与过程规划，主要包括装配顺序的规划、装配路径的规划、工艺路线的制定、操作空间的干涉验证、工艺卡片和文档的生成等内容。

工艺规划为中心的虚拟装配，以操作仿真的高逼真度为特色，主要体现在虚拟装配实施对象、操作过程以及所用的工具上，均与生产实际情况高度吻合，因而可以生动直观地反映产品装配的真实过程，使仿真结果具有高可信度。

（3）以虚拟原型为中心的虚拟装配

虚拟原型是利用计算机仿真系统在一定程度上实现产品的外形、功能和性能模拟，以产生与物理样机具有可比性的效果来检验和评价产品特性。传统的虚拟装配系统都是以理想的刚性零件为基础，虚拟装配和虚拟原型技术的结合，可以有效分析零件制造和装配过程中的受力变形对产品装配性能的影响，为产品形状精度分析、公差优化设计提供可视化手段。以虚拟原型为中心的虚拟装配主要研究内容包括考虑切削力、变形和残余应力的零件制造过程建模，有限元分析与仿真，配合公差与零件变形以及计算结果可视化等方面。

2.1.4.3 虚拟装配规划技术

装配规划是产品装配过程中的精配序列以及所需装配资源的指令。装配序列是装配规划最基本的信息，所有零件的装配序列形成产品的装配规划。产品中零件之间的几何关系、物理结构及功能特性等决定了产品的装配顺序。

（1）装配序列的规划方法

装配序列的规划方法可分为装配优先约束关系法、组织识别法、拆卸法、知识求解法、矩阵求解法等。

优先约束关系法是指零件之间的装配顺序约束关系，是表达零件装配先后顺序的一种非常紧凑的方法，其关键是装配优先约束关系的获取。组织识别法是根据零件的组件分类，确定组件之后，分层次生成组件的装配顺序，综合组件的装配顺序，即可求得产品的装配顺序。若零件的装配和拆卸互为可逆过程，则可通过求解零件的拆卸顺序来得到零件的装配顺序，即所谓的拆卸法。知识求解法是基于知识的方法来求解装配序列，它采用一阶谓词逻辑来表达产品结构、序列优先约束和装配资源约束等知识。矩阵求解法是指装配体中有配合关系的零件之间的连接关系以矩阵记录，矩阵中的每一元素代表零件的装配关系。

（2）装配序列规划的表达和几何推理

装配序列常用的表达方法有优先约束图法、有向装配状态图法、有序表达法和序列约束法。装配规划中的几何推理包括的内容主要有装配体中零部件之间的拓扑连接关系、零件拆卸方向的确定以及沿拆卸路径的干涉检验。

装配体中零部件之间的拓扑连接关系以邻接表结构表达与存储，邻接表的头节点存储零件或子装配体的有关信息，链表节点存储头节点的关联零部件的有关信息。

零件配合特征几何元素的类型决定零件的拆卸方向。若一个零件同时和多个零件具有装配关系，则零件拆装方向为各个配合特征几何元素决定的拆卸方向的交集，若零件拆卸方向集不为空集，则定义零件具有拆卸局部自由度。

为正确规划轨迹装配路径或轨迹，零件在拆卸过程中需要和装配体周围的其他零件进行动态干涉检验。零件动态干涉检验常采用沿拆卸方向的投影法，就是将待拆卸零件和装配体中的其他零件沿拆卸方向投影，得到投影多边形，根据投影多边形的几何关系可判定待拆零件在拆卸过程中是否和其他零件发生干涉碰撞。投影多边形间的几何关系分相离、相含和相交三种情况。若投影多边形相离则对应的零件不发生干涉；若相交或相含，则需进一步进行深度检验。

（3）装配路径规划

装配路径是指从被安装零部件存放的位置，直到零件被装配到机体上所行走的轨迹。装配路径规划是指在明确了零部件的装配顺序后，确定装配零部件时行走的准确路线，从而避免被安装零部件和其他零部件间的碰撞，确保零部件更合理地装配，同时也获取更高的装配精度。

在装配工艺规划中，元件的装配路径是关键信息。装配路径规划的原则是零件的运动包络体在不和周围物体发生干涉的情况下尽量最短。装配路径规划的方法有两种，一是通过装配元件配合面的装配关系以及装配顺序自动计算装配路径；二是通过交互的办法定义装配路径。交互可以在传统的CAD工具上进行，也可以利用虚拟装配系统。

❶ 基于CAD的装配路径规划法。对于每个装配关系，利用鼠标通过交互操作，用户定义每个运动元件局部坐标系的位置和方向，CAD系统模块对每个元件按照一定顺序依次进行矩阵变换时，元件将沿着一条无干涉的路径装配进入另外一个与之相配合的元件或子装配体。

❷ 基于虚拟装配的装配路径规划法。在虚拟环境下，利用虚拟设备（如数据手套、头盔显示器），模拟产品的手工装配过程，选择记录在任意时刻的装配方位矩阵。

（4）装配工艺规划后处理

装配工艺规划后处理是借助计算机辅助手段处理计算机辅助装配工艺规划（CAAPP）的结果，形成实用的装配工艺文件。它是CAAPP的延续，处于设计和生产的过渡阶段，是连接集成化产品设计和现场装配的纽带。计算机自动生成装配工艺文件的基本流程，如图2-3所示。

整个流程分为三个阶段，即装配工艺文件初始生成、文件编辑和文件输入/输出。装配信息模型尤其是其中的装配工艺规划结果信息为其信息来源。用户首先根据自己的要求创建装配工

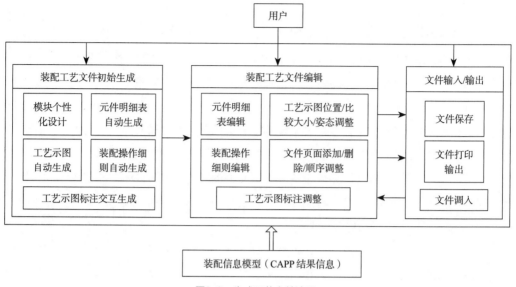

图2-3   生成工艺文件流程

艺文件模板，然后从装配信息中提取出相关信息进行处理，进而生成装配工艺文件，在此基础上可以对装配工艺文件进行编辑、保存、打印输出和重新调入等。

2.1.4.4 虚拟装配的构成及应用

虚拟装配由两个部分组成，即虚拟现实软件内容和虚拟现实外设设备，这两个部分协同工作，缺一不可，这样才能制造出交互性与沉浸性于一体的虚拟装配环境。

（1）虚拟现实软件内容

一般由各种VR软件组成，先在三维软件中根据虚拟现实内容制作相应的三维模型，再把这些三维模型导入VR软件中，接下来就需要硬件设备来支撑这些软件程序。

（2）虚拟现实（VR）外设设备

虚拟现实技术的特征之一就是人机之间的交互性。为了实现人机之间的充分交换信息，必须设计特殊输入和演示设备，以影响各种操作和指令，且提供反馈信息，实现真正生动的交互效果。不同的项目可以根据实际应用有选择地使用这些工具，主要包括：VB系列虚拟现实工作站、立体投影、立体眼镜或头盔显示器、三维空间跟踪定位器、数据手套、3D立体显示器、三维空间交互球、多通道环幕系统、建模软件等。

（3）虚拟装配系统的应用

目前，许多国家都致力于虚拟装配技术的研究，其中较为著名的有美国华盛顿州立大学和美国国家标准技术研究所联合开发的虚拟装配设计环境VADE系统。该系统以SGI Onyx2（6个Processors，2个Infinite reality pipes）为平台，以Flock of brids、Cyberglove和VR4头盔为虚拟现实交互设备。VADE系统的结构和信息流如图2-4所示。

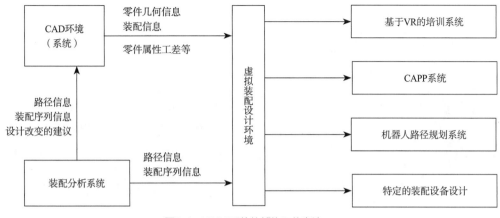

图2-4 VADE系统的结构和信息流

VADE的主要功能特性如下：

❶ 从CAD系统到VR的自动数据转化。VADE自动将参数化CAD系统（如PRO/E）中的产品装配树、零部件的几何形状传递到VR系统中。

❷ 从CAD系统中捕捉装配意图并应用于虚拟环境。VADE通过对CAD系统中装配约束的捕捉，实现对零件运动的引导与装配序列的生成。

❸ 零件的交互动力学模拟在物理模型基础上进行实体的碰撞检测，模拟用户、零件、装配工具及环境之间的动力学作用。

❹ 扫掠体积生成的轨迹编辑。VADE允许用户记录、编辑零件的装配轨迹，然后在虚拟环境中生成用于显示零件的扫掠体积。

❺ 虚拟环境中对零件结构参数的修改。首先，VADE将CAD系统中标识的零件模型的关键参数提取出来供用户在虚拟环境中修改，然后将修改后的零件模型重新传入VADE。

❻ 装配环境与零件初始位置的生成。整个装配环境可以在CAD系统中定义，同时用户可指定零部件的装配初始位置。

❼ 双手装配与灵活操作，VADE同时支持单手与双手操作。双手操作时，佩戴的手套设备灵活，已有的算法能支持对虚拟手拿着的部件进行操作，另一只手可用来抓住和操纵子装配的基础部件，使得其他零部件能装配到它上面。

❽ 支持虚拟装配工具。虚拟装配工具是装配环境的重要组成部分，VADE提供了"手工具""工具—零件"两种交互方法，并通过这两种交互方法的协同操作实现虚拟环境中零件运动的控制。

清华大学也开发出一个虚拟装配支持系统VASS。该系统以Pro/E软件为平台，以Pro/TOOLKIT和C语言为工具，能够在产品设计阶段基于三维数字化实体模型实施数字化预装配，直观地规划装配工艺过程，验证与改善产品的可装配性。

2.2 数字化仿真技术

2.2.1 仿真技术概述

计算机仿真是应用电子计算机对系统的结构、功能和行为以及参与系统控制的人的思维过程和行为进行动态性比较逼真的模仿。它是一种描述性技术，是一种定量分析方法。通过建立某一过程或某一系统的模式，来描述该过程或该系统，然后用一系列有目的、有条件的计算机仿真实验来刻画系统的特征，从而得出数量指标，为决策者提供关于这一过程或系统的定量分析结果，作为决策的理论依据。

随着科学技术的进步，尤其是信息技术和计算机技术的发展，"仿真"的概念不断得以发展和完善，因此，给予仿真一个清晰和明了的定义是非常困难的。但一个通俗的系统仿真基本含义是：构建一个实际系统的模型，对它进行试验，以便理解和评价系统的各种运行策略。而这里的模型是一个广义的模型，包含数学模型、物理模型等。显然，根据模型的不同，有不同方式的仿真。系统可以分为连续时间系统和离散时间系统两大类。由于这两类系统的运动规律差异很大，描述其运动规律的模型也有很大的不同。因此，相应的仿真方法也不同，分别对应为连续时间系统仿真和离散时间系统仿真。

仿真工具主要指的是仿真硬件和仿真软件。

仿真硬件中最主要的是计算机。用于仿真的计算机有三种类型：模拟计算机、数字计算机和混合计算机。除计算机外，仿真硬件还包括一些专用的物理仿真器，如运动仿真器、目标仿真器、负载仿真器和环境仿真器等。

仿真软件通过图形化界面联系理论条件与实验过程，同时运用一定的编程达到模拟现实的效果。目前主要包括物理仿真实验、化学仿真实验和生物仿真实验三种。

数控仿真系统是模拟真实数控机床的操作，学习数控技术、演示讲解数控操作编程、工程技术人员检验数控数序防止碰刀提高效益的工具软件。通过在PC机上操作该软件，能在很短时间内掌握各种系统数控车、数控铣及加工中心的操作。代表性的产品有宇航、宇龙、斯沃、VERICUT等数控仿真系统，一些数控系统生产商也可能推出自己的仿真软件。

2.2.2 虚拟制造

虚拟制造技术（Virtual Manufacturing Technology，VMT）是以虚拟现实和仿真技术为基础，对产品的设计、生产过程统一建模，在计算机上实现产品从设计、加工和装配、检验到产品使用整个生命周期的模拟和仿真。

虚拟制造技术可以在产品的设计阶段就模拟出产品及其性能和制造过程，以此来优化产品的设计质量和制造过程，优化生产管理和资源规划，以达到产品开发周期和成本的最小化、产品设计质量最优化和生产效率最高化，从而形成企业的市场竞争优势。例如波音777，其整机设计、部件测试、整机装配以及各种环境下的试飞均是在计算机上完成的，其开发周期从过去的8年缩短到5年。Chrycler公司与IBM合作开发的虚拟制造环境用于其新型车的研制，在样车生产之前即发现其定位系统及其他许多设计有缺陷，从而缩短了研制周期。虽然虚拟制造技术的出现只有短短的几年时间，但虚拟制造的应用将会对未来制造业的发展产生深远的影响。

2.2.2.1 关键技术

在VMT的关键技术中，除了高性能计算机系统软硬件设备之外，还包括实时三维图形系统和虚拟现实交互技术。利用实时三维图形系统，可以生成有逼真感的图形，图像具有三维全彩色、明暗、纹理和阴影等特征。虚拟现实是一种交互式的先进的计算机显示技术，双向对话是它的一种重要工作方式。就虚拟现实交互技术而言，人是主动的，具有参与性，而不再是观众，有时甚至还充当主人的角色。主要优点如下：

❶ 提供关键的设计和管理决策对生产成本、周期和能力的影响信息，以便正确处理产品性能与制造成本、生产进度和风险之间的平衡，做出正确的决策。

❷ 提高生产过程开发的效率，可以按照产品的特点优化生产系统的设计。

❸ 通过生产计划的仿真，优化资源的利用，缩短生产周期，实现柔性制造和敏捷制造。

❹ 可以根据用户的要求修改产品设计，及时做出报价，并保证交货期。

2.2.2.2 主要应用

（1）虚拟企业

虚拟企业建立的一个重要原因是，各企业本身无法单独满足市场需求，迎接市场挑战。因此，为了快速响应市场需求，围绕新产品开发，利用不同地域的现有资源、不同的企业或不同地点的工厂，重新组织一个新公司。该公司在运行之前，必须分析组合是否最优，能否协调运行，并对投产后的风险、利益分配等进行评估。这种联作公司称为虚拟公司，或者叫动态联盟，是一种虚拟企业，它是具有集成性和实效性两大特点的经济实体。

在面对多变的市场需求时，虚拟企业具有加快新产品开发速度、提高产品质量、降低生产成本、快速响应用户需求、缩短产品生产周期等优点。因此，虚拟企业是快速响应市场需求的部队，能在商战中为企业把握机遇。

（2）虚拟产品设计

飞机、汽车的设计过程中，会遇到一系列问题，如其形状是否符合空气动力学原理、内部结构布局是否合理等。在复杂管道系统设计中，采用虚拟技术，设计者可以"进入其中"进行管道布置，并可检查能否发生干涉。美国波音公司投资上亿美元研制波音喷气式客机，仅用一年多时间就完成了研制，一次试飞成功，投入运营。波音公司分散在世界各地的技术人员可以从客机数以万计的零部件中调出任何一种在计算机上观察、研究、讨论，所有零部件均是三维实体模型。由此可见虚拟产品设计给企业带来的效益。

（3）虚拟产品制造

应用计算机仿真技术，对零件的加工方法、工序顺序、工装和工艺参数的选用以及加工工艺性、装配工艺性等均可建模仿真，可以提前发现加工缺陷，提前发现装配时出现的问题，从而优化制造过程，提高加工效率。

（4）虚拟生产过程

产品生产过程的合理制定，人力资源、制造资源、物料库存、生产调度、生产系统的规划设计等，均可通过计算机仿真进行优化，同时还可对生产系统进行可靠性分析。对生产过程的资金和产品市场进行分析预测，从而对人力资源、制造资源进行合理配置，对缩短产品生产周期、降低成本意义重大。

2.2.2.3 虚拟加工技术

虚拟加工技术是指利用计算机技术，以可视化、逼真的形式来直观表示零件数控加工过程。虚拟加工是实际加工在计算机上的本质实现，它是虚拟制造技术的重要组成部分。虚拟加工技术主要包括虚拟环境的建立和加工过程仿真等关键技术。

2.3 数字化开发与管理集成技术

2.3.1 柔性制造技术

柔性制造技术也称柔性集成制造技术，是现代先进制造技术的统称。柔性制造技术集自动化技术、信息技术和制造加工技术于一体，把以往工厂企业中相互孤立的工程设计、制造、经营管理等过程，在计算机及其软件和数据库的支持下，构成一个覆盖整个企业的有机系统。

传统的自动化生产技术可以显著提高生产效率，然而其局限性也显而易见，即无法很好地适应中小批量生产的要求。随着制造技术的发展，特别是自动控制技术、数控加工技术、工业机器人技术等迅猛发展，柔性制造技术（FMT）应运而生。

所谓"柔性"，即灵活性，主要表现在以下几方面：

❶ 生产设备的零件、部件可根据所加工产品的需要变换。

❷ 对加工产品的批量可根据需要迅速调整。

❸ 对加工产品的性能参数可迅速改变并及时投入生产。

❹ 可迅速而有效地综合应用新技术。

❺ 对用户、贸易伙伴和供应商的需求变化及特殊要求能迅速做出反应。采用柔性制造技术的企业，平时能满足品种多变而批量很小的生产需求，能迅速扩大生产能力，而且产品质优价廉。柔性制造设备可在无须大量追加投资的条件下提供连续采用新技术、新工艺的能力，也不需要专门的设施，就可生产出特殊的产品。

柔性制造技术是对各种不同形状加工对象实现程序化柔性制造加工的各种技术的总和。

（1）柔性制造技术的特点

❶ 柔性制造技术是从成组技术发展起来的，因此，柔性制造技术仍带有成组技术的烙印，遵循零件相似原则：形状相似、尺寸相似和工艺相似。这三个相似原则是柔性制造技术的前提条件。凡符合"三相似原则"的多品种加工柔性生产线，可以做到投资最省（使用设备最少、厂房面积最小）、生产效率最高（可以混流生产，无停机损失）、经济效益最好（成本最低）。

❷ 多品种大批量生产时，虽然每个品种的批量相对来说是小的，多个小批量的总和也可构成大批量，因此柔性生产线几乎无停工损失，设计利用率高。

❸ 柔性制造技术组合了当今机床技术、监控技术、检测技术、刀具技术、传输技术、电子技术和计算机技术的精华，具有高质量、高可靠性、高自动化和高效率的特点。

❹ 可缩短新产品的上市时间，转产快，适应瞬息万变的市场需求。

❺ 可减少工厂内零件的库存，改善产品质量和降低产品成本。

❻ 减少工人数量，减轻工人劳动强度。

❼ 一次性投资大。

（2）柔性制造技术未来的发展趋势

❶ FMC将成为发展和应用的热门技术。这是因为FMC的投资比FMS少得多而经济效益相接近，更适用于财力有限的中小型企业。目前国外众多厂家将FMC列为发展之重。

❷ 发展效率更高的FML。多品种大批量的生产企业如汽车及拖拉机等工厂对FML的需求引起了FMS制造厂的极大关注。采用价格低廉的专用数控机床替代通用的加工中心将是FML的发展趋势。

❸ 朝多功能方向发展。由单纯加工型FMS，进一步开发以焊接、装配、检验及钣材加工乃至铸、锻等制造工序兼具的多种功能FMS。

2.3.1.1　柔性制造技术群

柔性制造技术是技术密集型的技术群，我们认为凡是侧重于柔性，适应于多品种、中小批量（包括单件产品）的加工技术都属于柔性制造技术。目前按规模大小划分为以下几个方面：

（1）柔性制造系统（FMS）

关于柔性制造系统（Flexible Manufacturing System，FMS）的定义很多，权威性的定义有以下几种。

美国国家标准局把FMS定义为："由一个传输系统联系起来的一些设备，传输装置把工件放在其他联结装置上送到各加工设备，使工件加工准确、迅速和自动化。中央计算机控制机床和传输系统，柔性制造系统有时可同时加工几种不同的零件。"

国际生产工程研究协会指出："柔性制造系统是一个自动化的生产制造系统，在最少人的干预下，能够生产任何范围的产品族，系统的柔性通常受到系统设计时所考虑的产品族的限制。"

中国国家军用标准则定义为："柔性制造系统是由数控加工设备、物料运储装置和计算机控制系统组成的自动化制造系统，它包括多个柔性制造单元，能根据制造任务或生产环境的变化迅速进行调整，适用于多品种、中小批量生产。"

简单地说，FMS是由若干自动化加工的数控设备、物料运储装置和计算机控制系统组成的，并能根据制造任务和产品种变化而迅速进行调整的自动化制造系统。目前常见的组成通常包括4台或更多台全自动数控机床（加工中心与车削中心等），由集中的控制系统及物料搬运系统连接起来，可在不停机的情况下实现多品种、中小批量的加工及管理。

（2）柔性制造单元（FMC）

FMC的问世以及在生产中使用约比FMS晚6～8年。FMC可视为一个规模最小的FMS，是FMS向廉价化及小型化方向发展的一种产物。它由1～2台加工中心、工业机器人、数控机床及物料运送存储设备构成，其特点是实现单机柔性化及自动化，具有适应加工多品种产品的灵活性，目前已进入普及应用阶段。

（3）柔性制造线（FML）

FML是处于单一或少品种大批量非柔性自动线与中小批量多品种FMS之间的生产线。其加工设备可以是通用的加工中心或CNC机床，也可采用专用机床或NC专用机床，对物料搬运系统柔性的要求低于FMS，但生产率更高。它以离散型生产中的柔性制造系统和连续生产过程中的分散型控制系统（DCS）为代表，其特点是实现生产线柔性化及自动化，其技术已日臻成熟，迄今已进入实用化阶段。

（4）柔性制造工厂（FMF）

FMF是将多条FMS连接起来，配以自动化立体仓库，用计算机系统进行联系，采用从订货、设计、加工、装配、检验、运送至发货的完整FMF。它包括CAD/CADM，并使计算机集成制造系统（CIMS）投入实际，实现生产系统柔性化及自动化，进而实现全厂范围的生产管理、产品加工及物料贮运进程的全盘化。FMF是自动化生产的最高水平，反映出世界上最先进的自动化应用技术。它是将制造、产品开发及经营管理的自动化连成一个整体，以信息流控制物质流的智能制造系统（IMS）为代表，其特点是实现工厂柔性化及自动化。

2.3.1.2 柔性制造关键技术

（1）计算机辅助设计

未来CAD技术发展将会引入专家系统，使之智能化，可处理各种复杂的问题。当前设计技术最新的一个突破是光敏立体成形技术，该项新技术直接利用CAD数据，通过计算机控制的激光扫描系统，将三维数字模型分成若干层二维片状图形，并按二维片状图形对池内的光敏树脂液面进行光学扫描，被扫描到的液面则变成固化塑料。如此循环操作，逐层扫描成型，并自动地将分层成形的各片状固化塑料黏合在一起，仅需确定数据，数小时内便可制出精确的原型。它有助于加快开发新产品和研制新结构的速度。

（2）模糊控制技术

模糊数学的实际应用是模糊控制器。最近开发出的高性能模糊控制器具有自学习功能，可在控制过程中不断获取新的信息并自动地对控制量做调整，使系统性能大为改善，其中尤其以基于人工神经网络的自学方法引起了人们极大的关注。

（3）人工智能、专家系统及智能传感器技术

迄今，柔性制造技术中所采用的人工智能大多数基于规则的专家系统。专家系统利用专家知识和推理规则进行推理，求解各类问题（解释、预测、诊断、查找故障、设计、计划、监视、修复、命令及控制等）。由于专家系统能简便地将各种事实及经验证过的理论与通过经验获得的知识相结合，因而专家系统为柔性制造的诸方面工作增强了柔性。展望未来，以知识密集为特征，以知识处理为手段的人工智能（包括专家系统）技术必将在柔性制造业（尤其智能型）中起着日趋重要的关键性作用。目前用于柔性制造中的各种技术，最有发展前途的仍是人工智能。智能制造技术（IMT）旨在将人工智能融入制造过程的各个环节，借助模拟专家的智能活动，取代或延伸制造环境中人的部分脑力劳动。在制造过程中，系统能自动监测其运行状态，在受到外界或内部激励时能自动调节其参数，以达到最佳工作状态，具备自组织能力。故IMT被称为未来21世纪的制造技术。对未来智能化柔性制造技术具有重要意义的一个正在急速发展的领域是智能传感器技术。该项技术是伴随计算机应用技术和人工智能而产生的，它使传感器具有内在的"决策"功能。

（4）人工神经网络技术

人工神经网络（ANN）是模拟智能生物的神经网络对信息进行并处理的一种方法，故人工神经网络也就是一种人工智能工具。在自动控制领域，神经网络将并列于专家系统和模糊控制系统，成为现代自动化系统中的一个组成部分。

2.3.1.3 柔性制造方法

（1）细胞生产方式

与传统的大批量生产方式相比，细胞生产方式有两个特点：一个是规模小（生产线短，操作人员少），另一个是标准化之后的小生产细胞可以简单复制。由于这两个特点，细胞生产方式能够实现以下目标：

❶ 简单应对产量变化。通过复制一个或一个以上的细胞就能够满足细胞生产能力整数倍的生产需求。

❷ 减少场地占用。细胞是可以简单复制的（细胞生产线可以在一天内搭建完成），因此不需要的时候可以简单拆除，节省场地。

❸ 每一个细胞的作业人数少，降低了平衡工位间作业时间的难度，工位间作业时间差异小，生产效率高。

❹ 通过合理组合员工，即由能力相当的员工组合成细胞，可以发挥员工最高的作业能力水平。如果能够根据每一个细胞的产能给予相应的奖励，还有利于促成细胞间的良性竞争。细胞生产线的形式是多样的，有O形、U形、餐台形、推车形等。

（2）一人生产方式

某产品的装配时间总共不足10min，但是它还是被安排在一条数十米长的流水线上，而装

配工作则由线上的数十人来完成，每个人的作业时间不超过10s。针对这样一些作业时间相对较短、产量不大的产品，如果能够打破常规（流水线生产），改由每一个员工单独完成整个产品装配任务，将获得意想不到的效果。同时，由于工作绩效（品质、效率、成本）与员工个人直接相关，一人生产方式除了具有细胞生产的优点之外，还能够大大提高员工的品质意识、成本意识和竞争意识，促进员工成长。

（3）一个流生产方式

一个流生产方式是这样实现的，即取消机器间的台车，并通过合理的工序安排和机器间滑板的设置让产品在机器间单个流动起来。它的好处如下：

❶ 极大地减少了中间产品库存，减少资金和场地的占用。

❷ 消除机器间的无谓搬运，减少对搬运工具的依赖。

❸ 当产品发生品质问题时，可以及时将信息反馈到前部，避免造成大量中间产品的报废。

一个流生产方式不仅适用于机械加工，也适用于产品装配的过程。

（4）柔性设备的利用

一种叫作柔性管的产品（有塑胶的也有金属的）逐渐受到青睐。以前许多企业都会外购标准流水线用作生产，现在逐步采用自己拼装的简易柔性生产线。比较而言，柔性生产线首先可降低设备投资70%～90%；其次，设备安装不需要专业人员，一般员工即可快速在一个周末完成安装；第三，不需要时可以随时拆除，提高场地利用效率。

（5）台车生产方式

我们经常看到一个产品在制造过程中，从一条线上转移到另一条线上，转移工具就是台车。着眼于搬动及转移过程中的损耗，有人提出了台车生产线，即在台车上完成所有装配任务。

（6）固定线和变动线方式

根据某产品产量的变动情况，设置两类生产线，一类是满足某一相对固定的固定生产线；另一类是用来满足变动部分的变动生产线。通常，传统的生产设备被用作固定线，而柔性设备或细胞生产方式等被用作变动生产线。为了彻底降低成本，在日本，变动线往往招用劳务公司派遣的临时工来应对，不需要时可以随时退回。

2.3.2 计算机集成制造技术

计算机集成制造，是一种运用数字化设备把企业生产制造与生产管理进行优化的思想。将企业决策、经营管理、生产制造、销售及售后服务有机结合在一起。

计算机集成制造系统（Computer Integrated Manufacturing System，CIMS）是随着计算机辅助设计与制造的发展而产生的。它是在信息技术自动化技术与制造的基础上，通过计算机技术把分散在产品设计制造过程中各种孤立的自动化子系统有机集成起来，形成适用于多品种、小批量生产，实现整体效益的集成化和智能化制造系统。

我国的CIMS已经改变为"现代集成制造（Contemporary Integrated Manufacturing）与现代集成制造系统（Contemporary Integrated Manufacturing System）"，它已在广度与深度上拓展了原

CIM/CIMS的内涵。其中，"现代"的含义是计算机化、信息化、智能化；"集成"有更广泛的内容，它包括信息集成、过程集成及企业间集成等三个阶段的集成优化，企业活动中三要素及三流的集成优化，CIMS有关技术的集成优化及各类人员的集成优化等。

CIMS是通过计算机硬软件，并综合运用现代管理技术、制造技术、信息技术、自动化技术、系统工程技术，将企业生产全部过程中有关的人、技术、经营管理三要素及其信息与物流有机集成并优化运行的复杂的大系统。

CIMS不仅把技术系统和经营生产系统集成在一起，而且把人（人的思想、理念及智能）也集成在一起，使整个企业的工作流程、物流和信息流都保持通畅和相互有机联系。因此，CIMS是人、经营和技术三者集成的产物。

2.3.2.1　计算机集成制造系统的分类

CIMS是自动化程度不同的多个子系统的集成，如管理信息系统（MIS）、制造资源计划系统（MRPII）、计算机辅助设计系统（CAD）、计算机辅助工艺设计系统（CAPP）、计算机辅助制造系统（CAM）、柔性制造系统（FMS）以及数控机床（NC、CNC）、机器人等。CIMS正是在这些自动化系统的基础之上发展起来的，它根据企业的需求和经济实力，把各种自动化系统通过计算机实现信息集成和功能集成。

这些子系统也使用了不同类型的计算机，有的子系统本身也是集成的，如MIS实现了多种管理功能的集成，FMS实现了加工设备和物料输送设备的集成等。但这些集成是在较小的局部，而CIMS是针对整个工厂企业的集成。CIMS是面向整个企业，覆盖企业的多种经营活动，包括生产经营管理、工程设计和生产制造各个环节，即从产品报价、接受订单开始，经计划安排、设计、制造直到产品出厂及售后服务等的全过程。

CIMS大致可以分为6层：生产/制造系统、硬事务处理系统、技术设计系统、软事务处理系统、信息服务系统和决策管理系统。

在6个层次基础上分为7个分系统，代表了CIMS的结构。这7个分系统分别为企业管理软件系统，产品数字化设计系统，制造过程自动化系统，质量保证系统，物流系统，数据库系统，网络系统。

从生产工艺方面分，CIMS可大致分为离散型制造业、流程型制造业和混合型制造业3种；从体系结构CIMS也可以分成集中型、分散型和混合型3种。

（1）离散型企业的CIMS

离散型生产企业主要是指一大类机械加工企业。它们的基本生产特征是机器（机床）对工件外形的加工，再将不同的工件组装成具有某种功能的产品。由于机器和工件都是分立的，故称之为离散型生产方式。该类企业使用的CIMS即为传统意义上的CAD/CAM型CIMS。

（2）流程型企业的CIMS

流程型企业也叫连续型生产企业，是指被加工对象不间断地通过生产设备，如化工厂、炼油厂、水泥厂、发电厂等，这里基本的生产特征是通过一系列的加工装置使原材料进行规定的化学反应或物理变化，最终得到满意的产品。

（3）**混合型企业的CIMS**

混合型企业是指其生产活动中既有流程型特征，又有离散型特征，这类企业的CIMS，不仅解决了每道工序的自动化问题，而且解决了各工序间的所有平衡问题。

从功能上看，CIMS包括了一个制造企业的设计、制造、经营管理3种主要功能。要使这三者集成起来，还需要一个支撑环境，即分布式数据库和计算机网络以及指导集成CIMS构成框图运行的系统技术。

4个功能分系统：管理信息分系统，产品设计与制造工程设计自动化分系统，制造自动化或柔性制造分系统，质量保证分系统。

2个支撑分系统：计算机网络分系统，数据库分系统。

2.3.2.2　CIMS应用及发展趋势

（1）**实施CIMS的生命周期**

实施CIMS的生命周期可分为5个阶段：项目准备，需求分析，总体解决方案设计，系统开发与实施，运行及维护。

将CIMS的实施过程分为应用工程、产品开发、产品预研与关键技术攻关、应用基础研究课题4个层次。

实施过程中强调实用和效益驱动。围绕企业的经营发展战略，找出"瓶颈"，明确技术路线，自上而下规划，由底向上实施，以减少实施CIMS的盲目性，降低企业风险和提高企业的经济承受能力。强调开放的体系结构及计算机环境、标准化，为后续的维护、扩展和进一步开发打下良好基础。强调通过信息集成取得效益，车间层适度自动化。实施过程中强调集成，如技术集成、人的集成，经营、技术与人、组织的集成，资金的集成等。依靠政府部门的支持，强调企业、大学和研究所的结合，建立起高效运转的官、产、学、研联合体制，充分发挥各自的优势。

（2）**CIMS发展趋势**

❶ 集成化。从当前企业内部的信息集成发展到过程集成（以并行工程为代表），并正在步入实现企业间集成的阶段（以敏捷制造为代表）。

❷ 数字化/虚拟化。从产品的数字化设计开始，发展到产品全生命周期中各类活动、设备及实体的数字化。

❸ 网络化。从基于局域网发展到基于Internet/Intranet/Extranet的分布网络制造，以支持全球制造策略的实现。

❹ 柔性化。正积极研究发展企业间的动态联盟技术、敏捷设计生产技术、柔性可重组机器技术等，以实现敏捷制造。

❺ 智能化。智能化是制造系统在柔性化和集成化的基础上进一步发展与延伸，引入各类人工智能技术和智能控制技术，实现具有自律、分布、智能、仿生、敏捷、分形等特点的新一代制造系统。

❻ 绿色化。绿色化包括绿色制造、环境意识的设计与制造、生态工厂、清洁化生产等。它是全球可持续发展战略在制造业中的体现，是摆在现代制造业面前的一个崭新的课题。

2.3.3 绿色制造

绿色制造也称环境意识制造（Environmentally Conscious Manufacturing）、面向环境的制造（Manufacturing For Environment）等，是一个综合考虑环境影响和资源效益的现代化制造模式，是在保证产品的功能、质量、成本的前提下，综合考虑环境影响和资源效率的现代制造模式。它使产品从设计、制造、使用到报废整个产品生命周期中不产生环境污染或使环境污染最小化，符合环境保护要求，对生态环境无害或危害极少，节约资源和能源，使资源利用率最高，能源消耗最低。

绿色制造这种现代化制造模式，是人类可持续发展战略在现代制造业中的体现。

绿色制造模式是一个闭环系统，也是一种生产制造模式，即原料—工业生产—产品使用—报废—二次原料资源。

从设计、制造、使用一直到产品报废回收，整个寿命周期对环境影响最小，资源效率最高。也就是说要在产品整个生命周期内，以系统集成的观点考虑产品环境属性，改变了原来末端处理的环境保护办法，对环境保护从源头抓起。并考虑产品的基本属性，使产品在满足环境目标要求的同时，保证产品应有的基本性能、使用寿命、质量等。

2.3.3.1 技术发展趋势

当前，世界上掀起一股"绿色浪潮"，环境问题已经成为世界各国关注的热点，并列入世界议事日程。制造业将改变传统制造模式，推行绿色制造技术，发展相关的绿色材料、绿色能源和绿色设计数据库、知识库等基础技术，生产出保护环境、提高资源效率的绿色产品，如绿色汽车、绿色冰箱等，并用法律、法规规范企业行为。随着人们环保意识的增强，那些不推行绿色制造技术和不生产绿色产品的企业将会在市场竞争中被淘汰，发展绿色制造技术势在必行。

（1）全球化

绿色制造的研究和应用将越来越体现全球化的特征和趋势。绿色制造的全球化特征体现在许多方面，如：

❶ 制造业对环境的影响往往是超越空间的，人类需要团结起来，保护我们共同拥有的唯一的地球。

❷ ISO14000系列标准的陆续出台为绿色制造的全球化研究和应用奠定了很好的基础，但一些标准尚需进一步完善，许多标准还有待研究和制定。

❸ 随着近年来全球化市场的形成，绿色产品的市场竞争将是全球化的。

❹ 近年来，许多国家要求进口产品要进行绿色性认定，要有"绿色标志"。特别是有些国家以保护本国环境为由，制定了极为苛刻的产品环境指标来限制国际产品进入本国市场，即设

置"绿色贸易壁垒"。绿色制造将为我国企业提高产品绿色性提供技术手段，从而为我国企业消除"国际贸易壁垒"进入国际市场提供有力支撑。这也从另外一个角度说明了全球化的特点。

（2）社会化

绿色制造的社会支撑系统需要形成。绿色制造的研究和实施需要全社会的共同参与和努力，以建立绿色制造所必需的社会支撑系统。

首先，绿色制造涉及的社会支撑系统是立法和行政规定问题。当前，这方面的法律和行政规定对绿色制造行为还不能形成有力的支持。立法问题现在已越来越受到各个国家的重视。

其次，政府可制定经济政策，用市场经济的机制对绿色制造实施导向。例如，出台有效的资源价格政策，利用经济手段对不可再生资源和虽然是可再生资源但开采后会对环境产生影响的资源（如树木）严加控制，使得企业和人们不得不尽可能减少直接使用这类资源，转而寻求开发替代资源。又如，城市的汽车废气污染是一个十分严重的问题，对每辆汽车年检时，测定废气排放水平，政府可以收取污染废气排放费。这样，废气排放量大的汽车自然没有销路，市场机制将迫使汽车制造企业生产绿色汽车。企业要真正有效地实施绿色制造，必须考虑产品寿命终结后的处理，这就可能使企业、产品、用户三者之间形成新型集成关系。

无论是绿色制造涉及的立法和行政规定以及需要制定的经济政策，还是绿色制造所需要建立的企业、产品、用户三者之间的新型集成关系，均是十分复杂的问题，其中又包含大量相关技术问题，均有待深入研究，以形成绿色制造所需要的社会支撑系统。这些也是绿色制造今后研究内容的重要组成部分。

2.3.3.2 技术组成

（1）绿色设计

绿色设计指在产品及其生命周期全过程的设计中，充分考虑对资源和环境的影响，在充分考虑产品的功能、质量、开发周期和成本的同时，优化有关设计因素，使得产品及其制造过程对环境的总体影响和资源消耗降到最低。这要求设计人员必须具有良好的环境意识，既综合考虑产品的TOCS属性，又注重产品的E（Environment）属性，即产品使用的绿色度。

（2）工艺规划

产品制造过程的工艺方案不一样，物料和能源的消耗将不一样，对环境的影响也不一样。绿色工艺规划就是要根据制造系统的实际，尽量研究和采用物料和能源消耗少、废弃物少、噪声低、对环境污染小的工艺方案和工艺路线。

（3）材料选择

绿色材料选择技术是一个很复杂的问题。绿色材料尚无明确界限，实际中选用很难处理。在选用材料的时候，不但要考虑其绿色性，还必须考虑产品的功能、质量、成本、噪声等多方面的要求。减少不可再生资源和短缺资源的使用量，尽量采用各种替代物质和技术。

（4）产品包装

绿色包装技术就是从环境保护的角度，优化产品包装方案，使得资源消耗和废弃物产生最少。目前这方面的研究很广泛，但大致可以分为包装材料、包装结构和包装废弃物回收处理3个方面。

（5）回收处理

产品生命周期终结后，若不回收处理，将造成资源浪费并导致环境污染。目前的研究认为，面向环境的产品回收处理是个系统工程，从产品设计开始就要充分考虑这个问题，并做系统分类处理。产品寿命终结后，可以有多种不同的处理方案，如再使用、再利用、废弃等，各种方案的处理成本和回收价值都不一样，需要对各种方案进行分析与评估，确定最佳回收处理方案，从而以最小的成本代价获得最高的回收价值。

（6）绿色管理

尽量采用模块化、标准化的零部件，加强对噪声的动态测试、分析和控制，在国际环保标准ISO14000正式颁布和实施以后，它将成为衡量产品性能的一个重要因素，企业内部建立一套科学、合理的绿色管理体系势在必行。

✐ 作业与思考题

1. 家居数字化设计关键技术主要有哪些？

2. 数字化造型技术在家居设计中的应用主要有哪些方面？

3. 如何使用数字化仿真技术优化家居设计？常用的数字化仿真技术有哪些？

4. 如何利用数字化开发与管理集成技术提升团队协作效率？

第 3 章　数字化三维空间测量技术

本章重点

1. 数字化扫描技术的概念、分类及发展趋势。
2. 数字化三维测量技术原理。
3. Flexijet 3D软件测量基础。

3.1 数字化三维空间测量技术概述

3.1.1 数字化三维扫描技术的概念

三维扫描技术又称为"实景复制技术"。该技术基于激光测距的原理，通过采集被测物品表面大量密集点的三维坐标信息和反射率信息，可以完整并高精度地重建被测物体的空间三维模型，而且不需要对被测物品表面进行任何处理。

三维激光扫描技术能应用于各种物品表面点云数据的采集，并且具有速度快、精度高、计算准确等特点。随着三维激光扫描设备的扫描精度、扫描速度、易操作性、易携带性、抗干扰性等能力的不断提升，三维激光扫描技术的扫描对象越来越多，应用领域越来越广。该技术已经开始在建筑物的测量与维护、特征提取、变形监测、三维精细化建模等与工程相关的许多领域得到应用。

3.1.2 三维扫描仪的分类

在空间尺寸测量中，扫描仪是重要的测量工具。三维扫描仪主要分为接触式扫描仪和非接触式扫描仪，如图3-1所示。

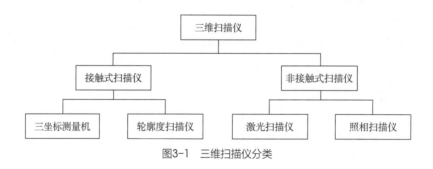

图3-1　三维扫描仪分类

3.1.2.1 接触式扫描

接触式扫描又称为机械扫描，是目前应用较为广泛的自由曲面三维测量方法之一，典型代表就是三坐标测量机。以精密机械为基础，综合运用电子技术、计算机技术和数控技术等先进技术。接触式扫描测量方法分为单点触发式和连续扫描式两种。

接触式三维扫描适用性强、精度高（可达微米级别）；不受物体光照和颜色的限制；适用于没有复杂型腔、外形尺寸较为简单的实体测量；由于采用接触式测量，可能损伤探头和被测物表面，也不能对软质物体进行测量，应用范围受到限制；受环境温度、湿度影响；同时，扫描速度受到机械运动的限制，测量速度慢、效率低；无法实现全自动测量；接触测头的扫描路径不可能遍布被测曲面的所有点，它获取的只是关键特征点。因而，它的测量结果往往不能反映整个零件的形状，在行业中的应用具有极大的限制。

3.1.2.2 非接触式测量

当下由于现代计算机技术和光电技术的发展，基于光学原理、以计算机图像处理的三维自由曲面非接触式测量设备逐渐成为主流。非接触测量方式具有无损伤、高精度、高速度以及易于在计算机控制下实行自动化测量等一系列特点，已经成为现代三维面形测量的重要途径及发展方向。其中三维激光扫描仪和三维照相式扫描仪占据了极其重要的位置。

（1）三维激光扫描仪

三维激光扫描技术是20世纪90年代中期开始出现的一项高新技术，是继GPS空间定位系统之后又一项测绘技术新突破。它具有三维测量和快速扫描两项基本功能，通过高速激光扫描测量的方法，大面积高分辨率地快速获取被测对象表面的三维坐标数据，并且可直接实现各种大型的、复杂的、不规则的或者非标准的实体或实景三维数据完整的采集。它突破了传统的单点测量方法，具有高效率、高精度的独特优势，可以快速、大量地采集空间点位信息，为快速建立物体的三维影像模型提供了一种全新的技术手段。

按照扫描成像方式的不同，激光扫描仪可分为一维（单点）扫描仪、二维（线列）扫描仪和三维（面列）扫描仪。而按照不同工作原理来分类，三维激光扫描仪又可分为脉冲测距法（也称时间差测量法）和三角测量法。

❶ 脉冲测距法。激光扫描仪由激光发射体向物体在时间t_1发送一束激光，由于物体表面可以反射激光，所以扫描仪的接收器会在时间t_2接收到反射激光。由光速c、时间t_1、t_2算出扫描仪与物体之间的距离$d = (t_2 - t_1) c/2$。

但是脉冲测距式3D激光扫描仪，其测量精度受到扫描仪系统准确测量时间的限制。当用该方式测量近距离物体时，由于时间太短，就会产生很大误差。所以该方法比较适合测量远距离物体，如地形扫描，但是不适合近景扫描。

❷ 三角测距法。用一束激光以某一角度聚焦在被测物体表面，然后从另一角度对物体表面上的激光光斑进行成像，物体表面激光照射点的位置高度不同，所接受散射或反射光线的角度也不同，用CCD（图像传感器）光电探测器测出光斑像的位置，就可以计算出主光线的角度θ。然后结合已知激光光源与CCD之间的基线长度d，经由三角形几何关系推求扫描仪与物体之间的距离$L \approx d\tan\theta$。

手持激光扫描仪通过上述三角形测距法建构出3D图形：通过手持式设备，对待测物发射出激光光点或线性激光。以两个或两个以上的侦测器测量待测物的表面到手持激光产品的距离，通常还需要借助特定参考点——通常是具黏性、可反射的贴片，用来当作扫描仪在空间中定位及校准使用。这些扫描仪获得的数据，会被导入电脑中，并由软件转换成3D模型。

三角测量法的特点：结构简单、测量距离大、抗干扰、测量点小（几十微米）、测量准确度高。但是会受到光学元件本身的精度、环境温度、激光束的光强和直径大小以及被测物体的表面特征等因素的影响。

三维激光扫描仪的特点：非接触测量，主动扫描光源；数据采样率高；高分辨率、高精度；

数字化采集、兼容性好；可与外置数码相机、GPS系统配合使用，极大扩大了三维激光扫描技术的使用范围。

（2）三维照相式扫描仪

三维照相式扫描仪，光源主要是白光，其工作过程类似于照相过程，扫描物体的时候一次性扫描一个测量面，快速、简洁，因此而得名。照相式三维扫描采用的是面光技术，扫描速度非常快，一般在几秒内便可以获取百万多个测量点，基于多视角的测量数据拼接，则可以完成物体360°扫描。

三维照相式扫描仪采用的是结构光技术，同样依据三角函数原理，但是并非使用激光，而是依靠向物体投射一系列光线组合，然后通过检测光线的边缘来测量物体与扫描仪之间的距离。结构光技术一般采用两个高分辨率的CCD相机和光栅投影单元组成，利用光栅投影单元将一组具有相位信息的光栅条纹投影到测量工件表面，两个CCD相机进行同步测量，利用立体相机测量原理，可以在极短的时间内获得物体表面高密度的三维数据。利用参考点拼接技术，可将不同位置和角度的测量数据自动对齐，从而获得完整的扫描结果，实现建模。

三维照相式扫描仪的特点：非接触测量；精度高，单面测量精度可达微米级别；对环境要求较低；对个别颜色（如黑色）及透明材料有限制，需要喷涂显像剂方能较好地扫描出来。

3.1.3　三维激光扫描技术的发展现状

（1）国外发展概况

对三维扫描技术和系统的研发，国外开始得比较早，已经取得了很大的进展。荷兰的研究机构，在1988年已经开始利用地面激光扫描技术进行地面信息获取。在20世纪90年代，世界上第一个三维激光扫描系统在俄亥俄州立大学制图中心研制成功，后来在东京大学进行了地面激光扫描系统的应用实验。此后，三维扫描技术在硬件制造和软件系统方面都得到了迅速发展，取得了丰硕的成果。

国外很多厂商和研究机构合作，推出了不同品牌的三维激光扫描仪器。这包括奥地利RIEGL公司生产的VZ和LMS系列扫描仪、瑞士Leica公司生产的Scanstation和HDS系列扫描仪、美国TrimbleOptech公司生产的G系列扫描仪、美国FARO公司生产的Focus系列扫描仪、加拿大Optech公司生产的ILRIS-3D等。

不同商家生产的三维激光扫描仪在测量精度、测量距离和应用领域等方面都存在差异，但它们的功能基本相同，都不仅可以获得对象物体的表面点云，还可以获取其颜色、反射率、影像等信息。

由于三维激光扫描技术可以获取海量高精度的点云数据，因此，点云数据的后处理非常复杂，这就要求研发出高效快速和智能化的点云数据处理软件。目前，很多仪器生产厂家都研发了配套点云数据处理软件，包括美国FARO公司的FARO Scene软件、瑞士Leica公司的Cyclone软件、美国Trimbleiu公司的TBC和RealWorks软件、奥地利RIEGL公司的RISCAN PRO软件等。除此之外，很多研究机构进行了相关软件的研究和开发，这些软件经过不断发展和完善，已经出现了很多比较成熟的商用软件，比如美国PTC公司的Pro/E软件、法国达索公司的CATIA软件、美国EDS公司的Imageware软件和CAD中的PointCloud、美国Geomagic公司的Geomagic Studio软件等。

虽然三维激光扫描仪器和点云数据处理软件的研究和开发在国外已经比较成熟，但是这些产品价格昂贵。不同的扫描仪获取的点云数据的格式也各不相同，并且不同的数据处理软件只能处理规定格式的点云数据。这些都阻碍了三维激光扫描技术的快速发展。

（2）国内发展概况

近年来，由于对三维激光扫描技术的应用需求越来越多，很多研究机构和高校也开始重视对该技术的研究，对三维激光扫描仪器和点云数据处理系统的研究也取得了一些研究成果。武汉大学研发的"LD激光扫描数据测量系统"，实现了野外测量数据实时自动采集传输、智能数据处理和数据管理的功能。清华大学研制出了具有我国自主产权的三维激光扫描样机产品，并通过了国家"863"项目组的验收。广州中海达测绘仪器有限公司研发了HS系列高精度三维激光扫描仪，并推出了便携式三维激光扫描仪和Iscan车载扫描仪，广州星上维智能科技有限公司生产的手持扫描仪、北京北科天绘科技有限公司生产的U-Arm系列扫描仪、北京天远三维科技股份有限公司生产的OKIO系列扫描仪，已经在很多行业和领域得到应用。国内三维激光点云数据处理软件的研究和开发，虽然也取得了一定的成果，但仍处于初级阶段，与国外成熟的点云数据处理软件相比，在数据处理速度、稳定性、功能模块、智能化等方面还存在较大的差距。

3.1.4 三维激光扫描技术的发展趋势

由于三维激光扫描技术硬件的不断发展和软件数据技术的不断完善，该技术未来的发展趋势会体现在以下几个方面：

（1）仪器价格不断下降

目前有多个国外品牌的三维激光扫描仪器已经进入了国内市场，各种仪器的配置、性能和操作方式都能满足三维空间点云数据的获取要求。因此，为了占领国内市场，价格竞争是重要手段，随着竞争的加剧，仪器价格会逐步下降。另外，国内的南方测绘科技股份有限公司、广州中海达测绘仪器有限公司、北京北科天绘科技有限公司等测绘公司生产的扫描仪已经开始投入市场。与国外品牌相比，国内的产品在价格上有较大的优势，市场占有率也会逐步提高，也会使得国外三维激光扫描仪器的价格不断下降。

（2）推动仪器检校与应用技术标准和规范的执行

当三维激光扫描仪器的价格不断下降时，其用户数量就会不断增加，三维激光扫描技术的应用领域也会不断扩大。为了规范三维激光扫描测量技术的使用，使其达到工程项目所需要的测量精度，需要对三维激光扫描仪器进行检校，并需要制定三维激光扫描技术在各行业的应用技术标准和规范，使其变成强制执行的国家规范。

（3）数据处理软件功能会不断加强

目前点云数据处理所用的时间远远超过了数据采集时间，其原因是后处理软件不能满足海量数据快速处理的要求。

三维激光扫描点云数据处理软件需要进行进一步的修改和完善，使处理的数据量更大，数据处理的速度更快，软件操作更容易，使点云数据处理软件更加通用、功能更多、更加智能，不断提高三维建模与应用的精度和效率。

（4）硬件技术进一步发展

通过对硬件进行改进，可以使三维激光扫描仪有更高的测量精度、更快的采样速度以及更低的价格，进一步提高扫描测量的精度和分辨率，扩大扫描范围，快速获得测量对象空间三维虚拟实体显示。随着硬件技术的发展，三维激光扫描技术在精密工程测量、工业测量、工程建设等多个领域中将会得到广泛的应用。

（5）多技术协同合作

随着工程建设的规模越来越大，结构越来越复杂，对测量技术的要求越来越精细、精度越来越高，单一的测量技术很难完成所有的测量，因此多种测量技术的协同合作是将来的发展趋势。

联合三维激光扫描技术、GPS技术、机器人测量技术、无人机倾斜摄影测量技术等先进技术，实现各种测量数据实时处理和快速融合，可以提供更加快速、细致、高精度的三维空间信息数据，更好地为工程服务。

3.2 数字化三维空间测量技术原理

3.2.1 三维激光扫描技术原理

三维扫描技术是一种先进的全自动高精度立体扫描技术，通过测量空间物体表面点的空间坐标值，得到物体表面的点云信息，快速、连续、自动化获取空间数据，并直接将各种点云数据完整地采集到电脑中，进而快速重构出目标三维模型及线、面、体、空间等各种制图数据。与数模比对后生成壁厚、外形等比对数据，然后根据铸件的尺寸公差及加工精度要求，不需要二维图纸数据便可了解铸件尺寸检测结果。同时，其所采集的三维激光点云数据还可进行各种后处理工作，如测绘、计量、分析、仿真、模拟、展示、逆向等。

3.2.2 三维激光扫描技术优势

三维激光扫描技术在测量时无须采用反射棱镜，可以不用接触扫描目标进行测量。除此之外，该技术不需要对扫描目标物体表面进行任何处理，可以直接获取物体表面的三维点云数据，所获取的点云数据真实且可靠。该技术可以应用于危险目标或环境、柔性目标以及人员难以企及的测量场景，相对于传统测量技术有很大优势。目前，采用脉冲激光或时间激光的三维激光扫描仪采样点速率可达到数十万点/秒，而相位式三维激光扫描仪测量速度甚至可以达到几十万点/秒。

三维激光扫描技术采用主动发射扫描激光的方式，通过探测自身发射的激光回波信号来获取目标物体的数据信息。因此在扫描过程中，可以不受扫描环境的时间和空间约束。该技术可以全天候作业，不受光线的影响，工作效率高，有效工作时间长。

三维激光扫描技术可以快速高精度地获取海量点云数据，可以对扫描目标进行高密度的三维数据采集，高分辨率的点云数据可以对扫描目标进行细致的表达。单点精度可达2mm，间隔最小为1mm。部分全站式三维激光扫描仪的精度已经接近普通全站仪的精度。

三维激光扫描技术采集的数据是直接获取的数字信号，具有全数字特征，易于后期处理及输出。用户界面友好的后处理软件能够与其他常用软件进行数据交换及共享。

目前，大部分三维激光扫描仪器都内置或者外置了高分辨率的数码摄像机，这种数码摄像机设备的使用，增加了彩色信息的采集。不仅可以获取目标的坐标信息，还可以获取彩色影像，大大扩大了三维激光扫描技术的使用范围，对信息的获取更加全面、准确。

随着三维激光扫描技术在测绘行业的发展，部分三维激光扫描技术已经可以集成GPS（全球定位系统）。基于GPS的三维激光扫描仪器，在进行扫描测量时可以获取点云数据在国家空间坐标系统中的绝对位置，可以使得三维激光扫描测量技术与工程建设紧密结合，进一步提高测量数据的准确性。

三维激光扫描硬件技术的发展，使得扫描仪器开始具有体积小、质量轻、防水、防潮等优点，使其具有对使用条件要求不高、环境适应能力强等特点。

三维激光扫描仪可以实现水平360°视场角扫描，垂直可达到320°视场角扫描，基本能够实现全景化扫描测量。

由于激光具有一定的穿透性，因此，三维激光扫描仪能够获取测量目标表面不同层面的采样点信息。可以通过改变激光束的波长，使激光穿透一些比较特殊的物质，如玻璃等。

3.3 Flexijet 3D软件测量基础

Flexijet 3D是由德国Flexijet GmbH推出的一款能够将三维测量与现场施工绘图相结合的测量系统。Flexijet 3D可以基于激光测距仪，精确记录相应坐标并将其传输到系统自己的3D测量软件"Flexi CAD"，且能够快速准确地记录具有曲线、圆弧的组件，无须移动家具即可测量带家具的房间。其触摸显示屏使CAD绘图命令和软件功能可以直接在测量设备上选择，而无须进行设备切换。

3.3.1 Flexijet 3D的功能和特征

Flexijet 3D能够灵活快速地测量别墅住宅、厨房和窗台、餐馆木结构、楼梯和栏杆、天窗玻璃、店面门头等。具有以下功能特点：

❶ 测量绘图。通过现场精准测量即时生成三维图纸，包括所有的测量元素，例如墙体、门窗、楼梯等，不是通过扫描形成的点云，不需进行后期处理。

❷ 自动测量。在定义测量起点、测量方向和测量间距后，Flexijet 3D将自动进行测量，包括水平表面、垂直表面和沿任何路径的自由测量。

❸ 重置定位。如果通过一次定位，不能完成整个测量任务，Flexijet 3D可以通过测量参考点，重置定位后继续测量。使得整个测量任务，比如整个楼层或整栋建筑物可以完整地体现在同一份三维测量图纸中。

❹ 表面测量。Flexijet 3D可以方便地对墙面、坡面、地面等表面进行有规则的取点测量，并在测量文件中用不同颜色显示测量点的高度，从而很直观地看到测量表面的平整度。

❺ WiFi和远程控制。内置WiFi为硬件和软件之间的可靠连接建立了专用网络。测量仪可以连接智能手机和遥控手柄进行远程控制。

❻ 自动水平校准。即时自动调平，不需要手动调平或调整三脚架。

❼ 内置摄像头和声音记录仪。测量过程中自动捕捉每个测量点并拍照记录，可在触摸屏上显示测量画面。声音记录仪在测量过程中能够自动记录现场语音和谈话内容。

❽ 轻松导出。能够导出多种格式测量文件，直接与数控设备和设计软件兼容。

❾ 复杂测量。可以毫不费力地测量复杂的角度、弧度和形状，而不需要人工计算。

❿ 即时计算。即时计算长度、角度、弧度、面积和体积等数据，并自动标注在图纸上。

⓫ 灵活性和准确性。能够进行水平方向和垂直方向360°手动或自动测量，并且达到毫米级精准测量，满足行业需求。

3.3.2 Flexijet 3D概述

3.3.2.1 硬件

Flexijet 3D包括便携箱、三脚架等设备。

（1）便携箱

如图3-2所示为便携箱及其布局设计。其坚固的外壳能很好地保护Flexijet 3D，但与对待所有高精度测量仪器一样，需要小心轻放。

首先介绍便携箱内的各项设备，如图3-3所示，包括：Flexijet 3D；遥控器；带导线的充电器；激光眼镜（在不良照明条件下能够发挥很好的效果）；测量标记盒（用于标记位置点）；测量助手（测量助手放置在某些位置可简化边缘测量）；带软件

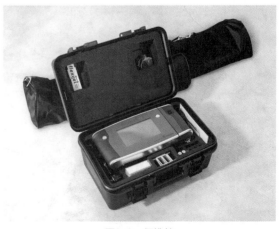

图3-2　便携箱

的U盘；电池；WLAN适配器（通过此WLAN适配器可建立第二个WLAN连接）；快速入门指南；笔记本电脑包和背带的箱子（包中还有电脑的支撑板）。

1—Flexijet 3D；2—遥控器；3—充电器；4—激光眼镜；5—测量标记盒；6—测量助手；7—U盘；8—电池；9—WLAN适配器；10—入门指南；11—箱子。

图3-3　便携箱内容

（2）Flexijet 3D设备

下面对Flexijet 3D设备进行介绍，各操作键位置如图3-4所示。

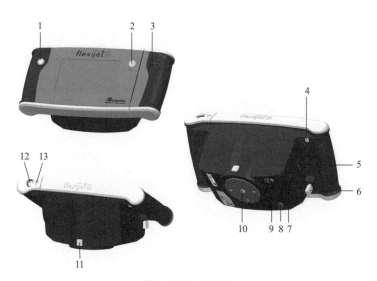

图3-4　Flexijet 3D

❶ 测量键。按此测量键可开始测量。在测量激活时，测量键周边的LED环呈红色亮起。在此过程中，不得移动Flexijet 3D。

❷ 开/关。按此按钮打开或关闭Flexijet 3D。

❸ 滚轮。根据测量项目，滚轮可用于执行不同的功能。

❹ 功能键"ESC"。此功能键位于左侧底部，其功能取决于具体测量步骤。

❺ 主开/关键。此拨动开关允许Flexijet 3D完全断开电源。只能在此键处于"开"位置时为电池充电。建议不要在Flexijet 3D仍在运行时操作此开关（可能会丢失数据）。

❻ WLAN适配器。此WLAN适配器用于Flexijet 3D与外部设备之间进行通信，不得拔下。必须使用Flexijet 3D允许的WLAN适配器。

❼ 电池舱盖。锂离子电池位于电池舱盖后面。

❽ 电池舱固定螺钉。

❾ 充电插孔。

❿ 5in或8in安装孔。用于安装在三脚架上。

⓫ 锁定钮。要将Flexijet 3D牢固地安装到另一个三脚架上，可以通过此锁定钮固定安装板和5in或8in接口。

⓬ 摄像头。内置彩色摄像头用作测量瞄准辅助装置。

⓭ 激光测距仪。高精度激光测距仪。

（3）三脚架

Feisol高品质三脚架主要由碳制成，如图3-5所示。它重量极轻，但最大可承重25kg，最高可延伸至152cm，且振动极低。按下调节键即可快速调整三条腿的角度，可调角度为25°、75°和90°。

图3-5　三脚架

3.3.2.2 软件

Flexi CAD是Flexijet 3D的CAD软件。便携箱中提供的U盘里包含安装Flexi CAD软件所需的所有重要文件，如图3-6所示。

将文件从U盘复制到电脑，按照"Flexijet 3D快速入门指南"的说明进行Flexi CAD的安装、激活与升级。

名称	修改日期	类型	大小
FlexiCAD3 Patch	2021/12/8/周三 …	文件夹	
Manuals	2021/11/30/周二…	文件夹	
Tools	2021/12/10/周五…	文件夹	
SetupFlexiCAD3_0b	2019/4/11/周四 …	应用程序	66,692 KB

图3-6　安装文件

3.3.3 Flexijet 3D的使用

3.3.3.1 设置三脚架和Flexijet 3D

将碳三脚架从保护袋中取出，并将其设置在适当的高度。适当安放三脚架，确保三脚架牢固稳定，顶板尽可能水平。如果三脚架明显倾斜，可通过伸缩三脚架支腿进行调整。精细调整可通过Flexijet 3D自动调平功能进行。

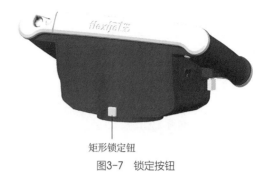

将Flexijet 3D从机箱中取出，并将其安装到三脚架上。拧紧三脚架螺钉，Flexijet 3D的底座板在任何情况下都不能在三脚架上出现旋转，否则测量结果将无法使用。

矩形锁定钮

图3-7　锁定按钮

如果使用带有固定螺丝连接的三脚架，可以使用矩形锁定钮固定台面，如图3-7所示，将Flexijet 3D牢固连接到三脚架上。

3.3.3.2　Flexijet 3D的启动和关机

要使用Flexijet 3D，必须打开主开关。此拨动开关可让Flexijet 3D完全断开电。用"开/关"键启动设备，"测量"键闪烁绿色，短暂按住按钮，Flexijet启动，会听到"咔嗒"声，固定旋转激光测量单元的运输锁定以松开，如图3-8所示。

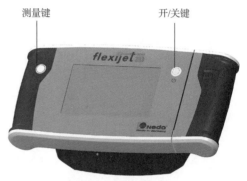

测量键　　　　　　　　开/关键

图3-8　操作按钮

3.3.3.3　倾斜传感器

启动系统后，用户首先在显示屏上看到的是倾斜监控界面的数字显示。集成的倾斜传感器在校准期间检测Flexijet 3D的倾斜，这意味着用户不必精确调平三脚架，使白色圆圈在黄色区域之内就好，如图3-9所示。校准后显示三脚架的倾斜程度，如果超过限定的极限值0.02°，倾斜传感器将发出警告。该值对应于10m远距离处测量高度约3.5mm公差。此限定值可通过此数据旁边的"−/+"键进行调整。

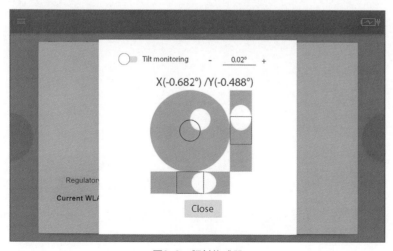

图3-9　倾斜传感器

3.3.3.4　建立WLAN连接

Flexijet显示屏上将显示输入窗口"等待传入WLAN连接",如图3-10所示。

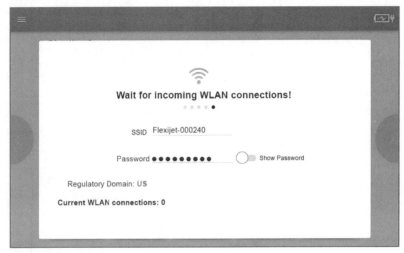

图3-10　WLAN连接界面

在计算机上,单击任务栏中的WiFi图标,将打开一个窗口,会显示所有可用的WiFi设备,其中应包括用户的Flexijet。现在提示输入WLAN密匙,默认情况下,密码是数字序列123456789。当输入密码后,Flexijet显示屏上的窗口颜色变成绿色。当显示出"等待传入应用程序连接"消息后就可以在计算机上启动Flexi CAD软件。

3.3.3.5　测绘设置

在"系统设置"部分,最重要的选项是"Flexijet模式(Flexijet Modus)"。在弹出窗口中,选择Flexijet 3D 2,如图3-11所示,以进行测量,Flexijet 3D将连接到Flexi CAD软件。

常用属性

系统设置	
Flexijet模式	Flexijet 3D 2
语言	chinese
音频输出	☑
接口	无接口(使用FlexiCAD)

图3-11　系统设置页面

在"常规设置"的底部,"触屏模式"和"PC模式"之间可以切换。如果此字段显示"触屏模式",则此时电脑处于"PC模式"。只有在重新启动软件后才能在"触屏模式"和"PC模式"之间切换。

3.3.3.6 智能遥控App

智能手机可以作为Flexijet 3D的遥控器。要执行此操作，需要从Play-Store或App-Store下载福来捷智能遥控App，通过WiFi将其连接到Flexijet 3D。它在手机上的工作方式与上文所述相同，遥控操作界面如图3-12所示。

3.3.4 Flexijet 3D软件

Flexijet 3D显示屏如图3-13所示。

可以在Flexijet显示屏上看到Flexi CAD的大部分命令。此功能的范围在不断扩大中。因此，使用Flexijet 3D可以越来越独立于PC工作，详细操作可参考入门教程。

显示屏上有许多功能键，所有带有小三角形的功能键都包含了其他功能。只需用手指按住，附加功能就会向下展开。实际使用时，使用的最后一个功能始终位于顶部。因此，显示屏可根据实际需要进行调整。在显示屏上向右、向左和向上滑动可访问其他功能。

图3-12 遥控操作界面

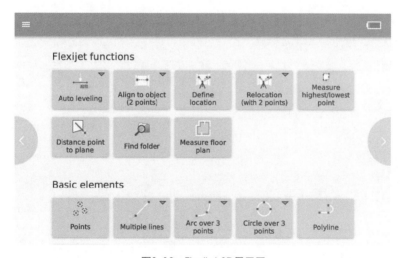

图3-13 Flexijet 3D显示屏

如图3-14所示为Flexi CAD菜单和屏幕布局。其页面包括F3D菜单、快捷访问栏、功能区、Flexijet选项卡、测量选项卡、绘图选项卡、更改选项卡、标注选项卡、视图选项卡等，具体介绍可参考入门操作手册。

快捷访问栏
f3D菜单
功能区
项目浏览器
设计设置
旋转编码器角度
激光测距
对象选择
电池状态
缩放功能
鼠标位置坐标
视图
命令窗口
取消/退出命令

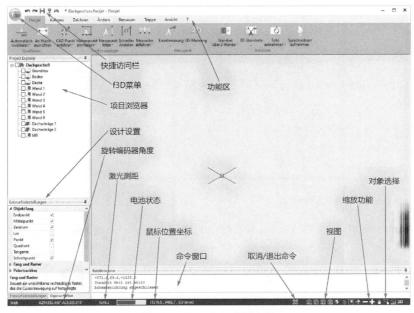

图3-14 Flexi CAD屏幕布局

3.3.5 部分功能介绍

3.3.5.1 定义位置

在Flexi CAD或Flexijet 3D上选择“定义位置”命令，如图3-15所示。选择位置点，这里需要非常精确，位置名称是可选项。

Define
Location

图3-15 “定义位置”命令

测量第1个位置点。触发测量后，将听到5次“嘀嗒”声，然后是“测量”提示音。Flexijet 3D通过执行多种测量以提高精度。对于第1个“定义位置”，必须至少测量2个位置点，但最好采集3个位置点，如图3-16所示。

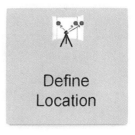

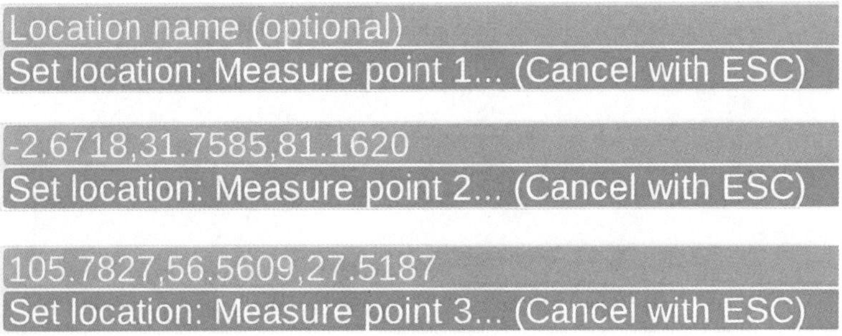

Location name (optional)
Set location: Measure point 1... (Cancel with ESC)
-2.6718,31.7585,81.1620
Set location: Measure point 2... (Cancel with ESC)
105.7827,56.5609,27.5187
Set location: Measure point 3... (Cancel with ESC)

图3-16 操作命令

根据位置和周边条件，可采集更多。完成此命令，在Flexijet 3D按钮或Flexi CAD中按ESC键结束，此时会显示确认“已创建位置”，可以继续测量或移动Flexijet 3D。

3.3.5.2　创建平面

使用Flexijet 3D时，几乎在任何测量中都离不开一个平面。平面没有厚度，这意味着在此平面上始终以2D绘制，在此平面上的所有测量值均垂直于当前平面投影。平面包括水平面、垂直面和自由面。使用"平面图测量"命令自动创建平面。

此处以水平面为例，首先需要一个测量点，这代表平面的高度。在Flexi CAD中，单击"新建文件夹"或者轻触Flexijet 3D左上角的"创建新文件夹"命令，如图3-17所示。输入名称，然后轻触"水平面"图标，如图3-18所示。按照要求在水平面上设置一个测量点，则创建了新的水平面。

<table>
<tr><td>图3-17　"创建新文件夹"命令</td><td>图3-18　"水平面"图标</td></tr>
</table>

3.3.5.3　编辑平面

在项目管理器（Project Explorer）中，鼠标右键单击文件夹，将打开关联菜单，取决于单击的文件夹类型，某些功能处于活跃或非活跃状态。例如，如果创建具有垂直面的文件夹，当单击"Wall（墙）1"时，"平面图测量"和"平面图上房间"命令将变成灰色。大多数命令也可以在菜单选项卡中找到，这里的上下文关联菜单中对它们进行了很好的汇总，如图3-19所示。

3.3.5.4　房间图元

这些标准图元将大大简化和加快测量速度。用户可以找到智能的参数化对象，例如窗和门，以及电源插座或冷水连

图3-19　菜单栏

接等简单符号。Flexijet 3D中显示的房间图元如图3-20所示。在PC上显示的房间图元可以在"测量"选项卡下找到它们。在Surface Go上显示的房间图元，为了节省位置，这些功能都自动汇集在一个弹窗内。

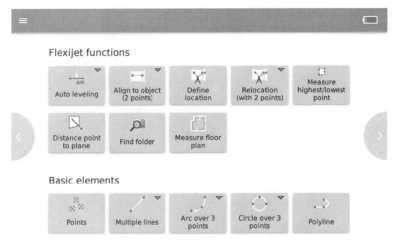

图3-20　房间图元

3.3.5.5　拍图片

（1）内置彩色摄像头

Flexijet具有内置彩色摄像头。它不仅可以辅助瞄准，还可以自动给每个测量点拍摄一张照片。推动滚轮可打开或关闭摄像头。还可以通过滚轮旋转功能缩放。通过测量点的图片，用户可以在之后的任何时候查看测量点的位置，这对于项目分工尤其有帮助。

测量点通常设置为不可见，可以通过选项卡"视图>显示测量点"功能显示，如图3-21所示。

图3-21　测量点设置

（2）使用Surface Go或手机拍照

用户可以添加自己的照片来补充施工现场文档，或者在更复杂的情况下帮助现场记录。需要拍照时，则遵循以下步骤：通过WiFi将笔记本电脑或平板电脑连接到Flexijet。调用Flexijet选项卡下的"拍图片"命令。现在，连接上设备的摄像头被激活，可以看到带有多个选项的照片。如果适用，可以在前后摄像头之间进行选择，还可以在之后的下拉菜单中设置分辨率。如果使用了福来捷智能遥控App，还可以使用手机拍照。使用"显示图片"功能查看、编辑和删除已经拍摄的图片。

3.3.5.6 录制语音注释

使用"录制语音注释"功能（图3-22）可以更好地完善施工现场文档。这些语音注释可以包括客户的具体要求，也可以只包括当天施工进度的信息。按以下步骤进行操作：通过WiFi将手机、笔记本电脑或平板电脑连接到Flexijet。调用选项卡Flexijet下的"录制语音注释"命令。这时出现"语音注释"菜单就可以录制、删除和播放语音注释。

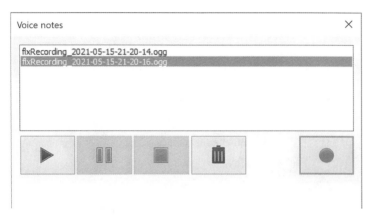

图3-22 "录制语音注释"功能

3.3.6 Xbox控制器

Xbox控制器可用于远程控制Flexijet。目标、功能和测量可通过控制器上的按钮激活。

按Xbox键打开遥控器，符号仅亮起白色，如图3-23所示。按住遥控器前部的蓝牙按钮3s，如图3-24所示，Xbox键闪烁，然后进行蓝牙连接。

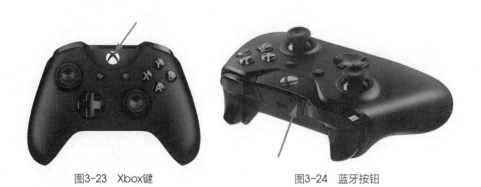

图3-23 Xbox键　　　　　　图3-24 蓝牙按钮

Xbox控制器通过内部电机对准Flexijet。要进行操作，需要调整遥控器上的两个操纵杆之一或方向键。

右操纵杆可快速瞄准和改变方向，左操纵杆可用于更精准定位。方向键可进行非常精细的调整，适用于微调和额外精度，通常用于重新定位和瞄准特定目标。

这些按钮预设为以下功能：

按钮X—线段；按钮A—多条线；按钮B—多段线；按钮Y—多个点；按钮LB（左前按钮—Left Bumper）—激活测量；按钮RB（右前按钮—Right Bumper）—激光开/关；按钮LT（左触发—Left Trigger）—显示下一点；按钮RT（右触发—Right Trigger）—传输高度，如图3-25所示。

这些按钮可通过File（文件）> General Preference（常规首选项）> Remote Control（遥控）> Keyboard configuration（键盘重新配置）进行设置。

图3-25　按钮预设功能

3.3.7 智能手机遥控

使用福来捷智能遥控App，用户可以单手控制Flexijet 3D的电机功能。

轻触设置以调整灵敏度和步幅大小。通过更改滑块，尝试最适合的设置，如图3-26所示。使用"关闭"退出设置。

使用智能手机遥控Flexijet有两种不同选项，位于显示屏底部。

（1）操纵杆

使用"操纵杆功能"时，将拇指放在显示屏的中间，并将其向Flexijet需要移动的方向滑动。拇指从中间向外推得越远，移动得越快。如果要在慢速模式下向一个方向移动，请轻触显示屏。现在，按所需方向滑动，当需要继续滑动，就持续按住拇指。如果要执行小步骤，请轻触显示屏上相应的页面。

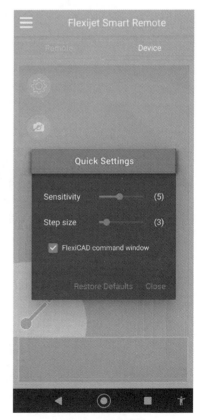

图3-26　更改设置

（2）旋转

第二个选项是"旋转功能"，如图3-27所示。将拇指按在显示屏上，并将智能手机倾斜到所需方向。由于智能手机内置运动传感器（陀螺仪），Flexijet会相应移动。单击按钮可以触发测量。

3.4 基于Flexijet 3D软件的空间测量实践

3.4.1 连接Flexijet 3D

首先设置Flexijet 3D，按住电源键打开Flexijet 3D，然后打开笔记本电脑/平板电脑，这时"倾斜监测"窗口将出现在Flexijet屏幕上。通常，Flexijet很快会接近水平，然后通过向左滑动红色切换开关，并单击"关闭"按钮来关闭倾斜监测，如图3-28所示。

图3-27　"旋转"功能

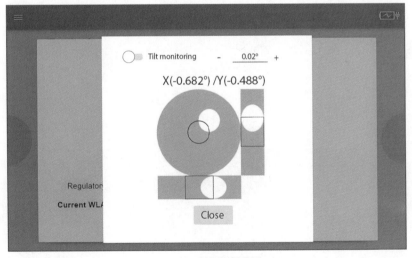

图3-28　关闭倾斜监测

"等待传入WLAN连接"窗口将显示在Flexijet上。在平板电脑/笔记本电脑上选择Flexijet的WiFi网络，此WiFi名称是Flexijet的系列号。输入密码，Flexijet的屏幕将变为绿色，很直观地显示已建立起连接。绿色表示准备就绪，然后打开Flexijet软件。

3.4.2 开始测量

Flexijet 3D设置好后，通过WiFi连接电脑；用户还可以通过WiFi连接智能手机。然后启动Flexi CAD，就可以开始测量了。

3.4.2.1 Flexijet 3D的正确定位

用户可以通过Flexijet 3D创建一个所谓的"选择性测量"。这也就是说需要在房间里做一项具体的测量。例如，用户需要测量厨房、阁楼上的房间，或者只需要测量一个壁龛来安排内置衣柜。

根据测量任务的不同，操作步骤也会有所不同。本次以对一个培训室进行测量作为示范。这意味着用户首先需要了解把Flexijet 3D放在什么位置测量的效果最好。因为激光测量器需要可见视线，最简单的方法是让测量器位于房间内视线好的位置。所有房间元素都可测量，如图3-29所示。

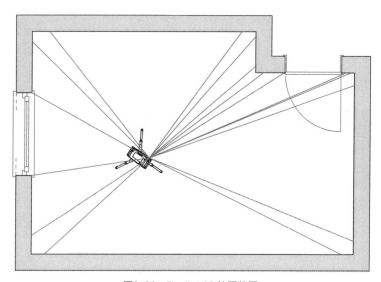

图3-29　Flexijet 3D放置位置

3.4.2.2 创建初始文件夹

首先，创建一个初始文件夹。每个测量文件只能创建一个初始文件夹。用户可以在PC上创建，也可以在Flexijet 3D上创建。

在显示屏上向右滑动或轻触屏幕左边缘的箭头。单击左上角的"创建新文件夹（Create new folder）"命令，如图3-30所示。在下面的输入窗口输入文件名称，如图3-31所示。初始文件夹的名称和之后的次级名称随后将转换为CAD文件自动生成的图层名称，这意味着名称需要尽可能简短，如图3-32所示，初始文件夹名称已显示。

图3-30　创建新文件夹

图3-31　设置初始文件夹名称

图3-32　初始文件夹名称

3.4.2.3 新建文件夹

单击左上角"创建新文件夹"命令，输入"培训室"，然后单击"创建3D文件夹"命令，如图3-33所示，将显示新文件夹。要查看文件夹结构，需要单击双箭头标志。

查看电脑上Flexi CAD中的"项目管理器（Project Explorer）"，红色小房子始终表明它是初始文件夹，"培训室"文件夹是一个3D文件夹，子文件夹始终在当前活跃文件夹中创建，此文件夹立即处于活跃状态。

图3-33　创建3D文件夹

3.4.2.4　保存文件

在Flexi CAD中，单击"f 3D"，然后单击"保存"。例如，输入"Flexijet培训"，如图3-34所示。

图3-34　文件保存设置

用户还可以打开自动保存文件，软件将每两分钟自动执行一次保存。如需要打开备份文件，请执行以下步骤：

在Flexi CAD中单击"f 3D"，然后单击"打开备份文件"，如图3-35所示。在打开的窗口中，可以看到所有备份文件。要打开最新的文件，可单击"已修改（Modified）"，如图3-36所示。文件将按保存日期排序，用户可能需要再次单击它，以在顶部查看最新的文件。

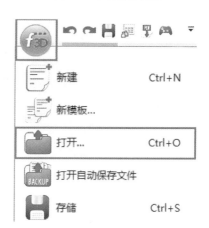

图3-35　打开备份文件

图3-36　备份文件

3.4.2.5 自动水平校准

在校准Flexijet 3D前，再次检查三脚架是否稳定，以及所有支腿是否处于"锁定"位置。用户可以按从左到右的顺序执行Flexijet功能区中的前3个命令，以确保操作顺利。

图3-37 "自动调平"命令

如果尚未进入主屏幕，请在屏幕上向左或向右滑动以访问此功能。

在左侧的Flexijet功能部分中，单击第一个"自动调平"命令，如图3-37所示。这时出现一个警告信息：对当前图形的参照将丢失，单击"OK"确认，如图3-38所示。

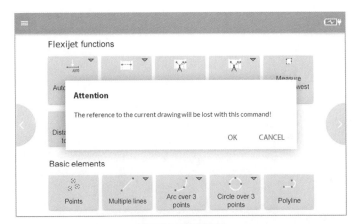

图3-38 警告显示

默认设置从"4"开始倒计时，如果按住"自动调平"键，可以通过单击"齿轮"标志更改秒数，如图3-39所示。在这里还可以找到"手动调平（Manual leveling）"命令。例如，在船上测量时可以利用该命令调平"中心线（Center line）"。

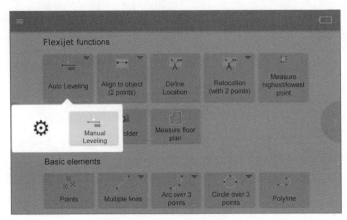

图3-39 更改设置

3.4.2.6 与墙对齐

"与墙对齐"命令可在图形中显示对齐的房间或对象。两个测量点确定X轴。此命令有3种变体。在Flexijet 3D中，用户可以选择"与墙对齐"（2点）和"与墙对齐"（3点）。Flexi CAD中还有一种"高级定位方法"，用于通过GPS数据在户外工作。此处选择"与墙对齐（3点）"，因为在这里还可以设置坐标交叉点的原点（z值）。在Flexi CAD中，该命令称为"带原点的简单定位（Simple placement with origin）"。

三个测量点如图3-40所示："左边墙上的第1个点"，"右边墙上的第2个点"，"测量零点（原点）"。

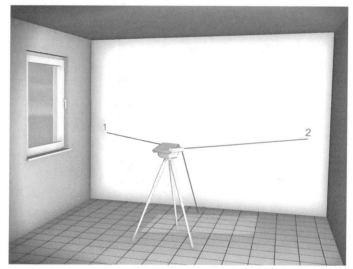

图3-40　测量点

在此要注意，前两个测量点需要与墙角保持一定距离（约20cm）。通常墙角是扩展而成。

每个图形只能执行一次"与墙对齐"功能，而且只有当图形中没有任何图形元素、位置或图层时，此功能可旋转图形的X轴，并将其与测量的2个点对齐。现有图元不会旋转，这意味着在执行"与墙对齐"命令后，它们无法再与接下来测量的图元匹配。即使在同一面墙上多次对齐，由于墙面变化，用户会在图形中看到偏差。

如果刚开始忘记与墙或对象对齐，那也没关系。只要测量的所有尺寸均正确，即使图纸视图是扭转的，在Flexi CAD或后续规划软件中测量后，仍然可以旋转。

3.4.2.7 平面图测量

"平面图测量"命令是一种自动功能，用于快速创建一个房间。墙、天花板和地板是在所谓的"平面"上创建的。

首先选择"平面图测量"命令，如图3-41所示。屏幕将显示"请测量地面上的一个点"。该测量点将用于创建"平面图"的水

图3-41　"平面图测量"命令

平面。此时，有几个选项可供选择，如图3-42所示。

用户可以简单地在地面上测量，但是由于"与墙对齐"命令，与Z测量点之间会有微小差异。用户只需在命令行键入"0，0，0"，则可以从"与墙对齐"命令中获得Z值。

接下来出现提示："墙1：墙上的第1个点（左）"。按照说明进行操作，始终顺时针操作（从左到右）。尽量让测量点保持在相同的高度，应该与墙角保持一定的距离，距离大小不重要，Flexi CAD随后会自动完成墙。接着出现"墙1：墙上的第2个点（右）"。通过第2个点可以创建出"墙1"平面。"墙2：墙上的第2个点（左）"，用户将在显示屏上看到墙1由一条线显示。现在按照提示测量房间中的所有墙壁。用户可以在Flexijet显示屏和Flexi CAD中看到房间的墙在不断添加，如图3-43和图3-44所示。

图3-42　操作命令

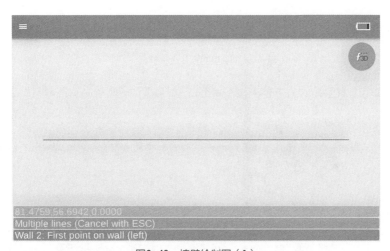

图3-43　墙壁绘制图（1）

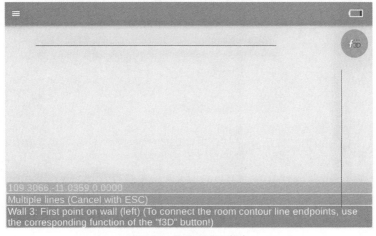

图3-44　墙壁绘制图（2）

测量所有墙之后，用户只需再次在第一面墙上测量1个点，Flexijet 3D就会自动合拢所有墙角，然后按照要求在天花板上测量1个点，这就完成了此房间的测量。向右滑动，用户可以看到该房间的透视图，如图3-45所示。

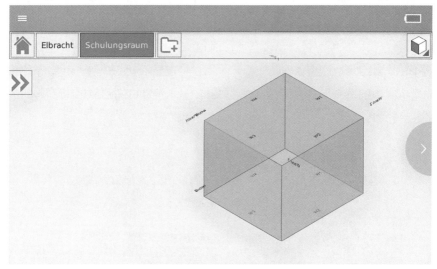

图3-45　房间透视图

用户还可以单击右上角的立方体来改变视角，选择以不同视角显示该房间，如图3-46所示。

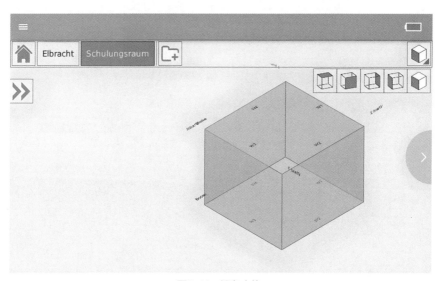

图3-46　视角变换

点击双箭头，打开项目管理器就可以看到新创建的平面："楼层平面、楼层、墙1……"平面名称前的图标表示平面类型，如图3-47所示。

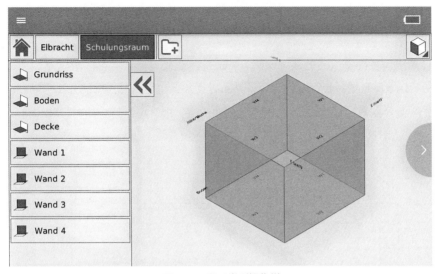

图3-47　平面类型操作栏

3.4.3　房间附加测量

3.4.3.1　依据已测起点测量

当用户在施工现场，需要遵循准确的"标高"，但是可能地面还没做好，或者地板覆盖物或地板结构尚不清楚，要使此房间与完成后的地面顶层精确对齐，可以按以下步骤进行操作：

在"与墙对齐"命令系列中，用户可用"零点（原点）测量"定义已测起点。然后使用命令"平面图测量>测量地面上的点"，在命令行中输入"0，0，−1000"，将房间与建筑标高精确对齐。

3.4.3.2　测量部分房间

根据测量需要，有时可能只需要测量墙、墙角或墙壁龛。创建墙后，"f 3D"图标将出现在屏幕右上角，并短暂闪烁红色。如果只需要测量一面墙，可以在此时完成墙的测量。

单击"f 3D"图标，然后单击"打开房间"命令，仅测量天花板上的一个测量点，即可完成墙壁的测量。

如果用户创建了两面以上的墙，轻触"f 3D"图标后，将显示"闭合房间"，如图3-48所示。用户可以选择"闭合房间"选项，而不是再次在第一面墙上测量点来完成墙的测量。随后，墙线将关闭，并提示在天花板上测量一个点。

图3-48　"闭合房间"命令

3.4.3.3　测量被挡住的墙

要测量无法设置测量点的壁龛，如图3-49所示。在此有一个简单的解决方案：从左到右测量墙壁，然后用水平尺或一根直木棍沿墙壁转角处摆放，也就是延长墙的方法，如图3-50所示。

必须先测量外侧的第1个测量点，再测量内侧的点，继续墙测量。然后，Flexi CAD将墙正确地连接在一起。当然，这也适用于斜墙，如图3-51所示。

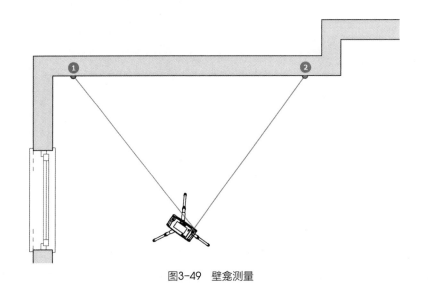

图3-49　壁龛测量

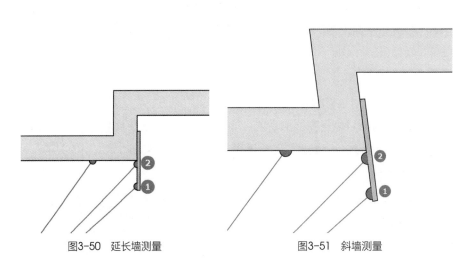

图3-50　延长墙测量　　　　　　　图3-51　斜墙测量

3.4.3.4　平面图上的房间

如果要在已创建的房间中添加半高墙或房间隔墙，可以非常方便地使用"平面图上的房间"功能。前面已经使用"平面图测量"功能创建了房间或房间的一部分，再创建并选择一个文件夹"平面图"（该功能只能在具有水平面的文件夹中选择），使用"单线"命令测量缺失的墙，然后使用"连接端点"命令连接墙线。

在Flexi CAD的"测量"选项卡下，选择命令"平面图上的房间"。现在按照要求测量另一面墙，此房间有四面墙，则提示为："第5面墙的第1个点"。

使用鼠标沿顺时针方向单击各墙线的端点。在绘制所有附加墙后，用ESC键退出命令。最后，测量天花板高度或半高墙的顶部边缘。

3.4.3.5 修剪屋顶坡面

室内测量总是要修整倾斜的屋顶，这对Flexijet 3D来说是简单的操作。墙、天花板和楼板将随屋顶自动剪切。已经使用"平面图测量"功能创建了房间或房间的一部分，然后切换到3D文件夹。在此示例中，也就是"培训室"文件夹。

在Flexijet 3D中，在"测量"选项卡下，选择"修剪屋顶坡面"功能。首先，出现提示："是否应选择某些屋顶边缘？（1=是，0=否）"。如果连接墙的"位置"已确定，现在就有了一个简单的封闭房间，可以输入0。Flexi CAD将选择要剪切的墙、天花板和地板。如果想要自行选择屋顶边缘，则输入1，然后单击Flexi CAD中墙的顶部边缘，该边缘在选择后将变为红色，如图3-52所示，用Flexi CAD左上角的绿色勾确认选择。

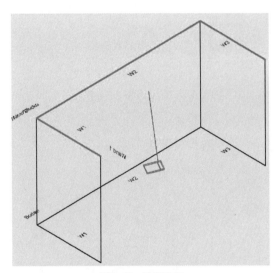

图3-52 边缘选择

现在，按照以下提示进行操作：选择"屋面左下角第1点"；选择"屋面右下角第2点"；选择"屋面中间的第3点"，如图3-53所示。

这与创建"自由平面"的步骤相同。墙壁和天花板一起被切割，如图3-54所示。然后将自动创建新文件夹"屋面1"，出现的图标显示它是"自由平面"，将文件保存在"屋面"下，效果图如图3-54所示。

以上就是一个"培训室"的简单操作示例，其余功能或示例可以参考Flexijet 3D的操作教程进行进一步学习。

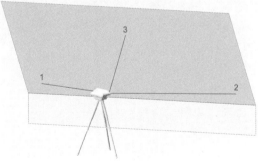

图3-53 测量点选择

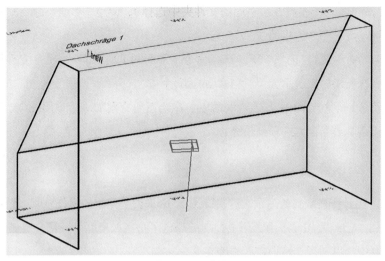

图3-54　效果图

✍ 作业与思考题

1. 什么是数字化三维扫描技术?

2. 三维扫描仪有哪些分类?

3. 与传统扫描仪相比,三维激光扫描仪有哪些优点?

第4章　数字化展示设计技术

🎯 **本章重点**

1. 数字化展示设计技术的概念、特征及应用。
2. 数字化展示设计的原理和设计流程。
3. 酷家乐软件的基础操作。

4.1 数字化展示设计技术概述

数字媒体艺术在展示设计中以其自身独特的表现形式和震撼的视听效果，被越来越多的艺术家所偏爱，也受到更多观众的青睐。数字技术的持续发展使得展示设计对其应用愈发频繁，这给展示设计艺术带来了深远的影响，极大拓展了展示领域的设计思路和表现形式。同时，展示设计作为数字化的产物，更是全面地展现出数字技术的先进性，在一定程度上对数字技术的发展也起到了推动作用。

4.1.1 数字化展示设计的概念

数字化展示设计，是将三维的现实空间、物体信息等利用电脑技术模拟出数字虚拟形象，进而与图形图像、声音、视频等多媒体手段整合，将数字媒体作为载体进行信息传达。在电脑模拟出的虚拟空间，人们对物体和环境本身产生真实的感受，从而创造出一种具有交互性特征的新型多媒体展示空间。

移动互联网时代，数字化展示已变成时代背景下的一种文化形态，其目的在于信息的有效传播与提供文化体验消费活动。数字化展示设计随数字媒体技术的发展而变革，由传统的视觉图像向多维空间沉浸式体验、情感化体验展示扩展，从展品的静态表现转向动态化传达的表现方式。通过数字技术的迭代，展示媒介出现了互联网、移动终端、互动装置体验、虚拟沉浸等，极大地拓展了信息交流的文化形态，丰富了观众的情感体验，促进了传统展示设计概念由展示媒体的"语言时代"向"信息文化"转变，在设计表达上也产生了新的设计导向原则与表达方式。数字化展示设计效果图如图4-1和图4-2所示。

图4-1　数字化展示设计效果图（1）

图4-2　数字化展示设计效果图（2）

4.1.2 数字化展示设计的特征

（1）设计人性化

现代科学技术的发展拓展了展示设计的领域。企业不需要拘泥于通过展览会、博览会的现场陈列来展示产品，可通过互联网发布新产品，展示企业形象。甚至于个人都可通过自己的网页全面展示个性和爱好。在知识创新大潮风起云涌的信息化时代，现代数字化展示设计呈现出"以人为本"的新时代特征。

设计人性化是数字化展示设计最基本的一点，即遵循着"以人为本"的原则，在设计中加入人性化的品格，使设计出的物品具有情感、情趣和生命，以合理的功能要求和完美的形态展现来满足人们最基本的观展需求。现代展示设计不再只是一种简单的信息表达和信息灌输，而是以探究人的心理需求为宗旨，和观众进行情感上的交流，使观者在展示空间中感受到造型、材料、物品、图像、声音等媒体都是有生命、活力和情感的，从而使得观者在这种氛围下最大程度地主动接收展示设计想要传达的信息。

（2）参与互动性

21世纪以来，社会学家和心理学家对观众的认知心理环境行为做了很多研究，其成果直接在展示设计中得到了运用。如国外很多展示场馆十分重视参观路线和照明等观赏环境的设计，注意为儿童、老年人、残疾人服务，绝大多数考虑了无障碍设计，有些还设有儿童游戏室等。而所有这些，都是从互动性的角度改善展示环境质量，以求得更好的展示效果。

互动性是强调"人"参与到环境中，充分调动观众的积极性，提高他们的观展兴趣，让他们主动、愉悦地体验和接受展示信息，观众已不仅是展示活动的旁观者，而是主动感知空间的探索者。传统的展品陈列经常以一种静态的、物质的、单一的视觉形式展现在观众眼前。如今，展示活动的信息量不断增加，如果人们还按照传统的展示形式，在短时间内接受单一渠道传送的较为复杂的信息，很容易产生枯燥、沉闷及信息难以消化的不良情绪，这会直接影响信息传达和展示的最终效果。媒体技术的出现，正好解决了这一难题。同时，观者和设计师都开始重视对展示环境中的互动性设计。由于数字媒体艺术几乎涉及了所有的传统艺术形式，比如音乐、舞蹈、绘画、影视等艺术形式都可以应用到展示设计中，并以数字媒体艺术的方式加以展现。展示设计打破传统静态、封闭式的展示方式，转变成了一种鼓励、邀请观众参与的方式，让他们在创造出的真实空间中去深刻地理解展品、感受展品。

（3）展示虚拟性

通过虚拟现实技术来创建和体现虚拟展示世界，展示空间延伸至电子空间，超越人类现有的空间概念，成为数字化展示设计发展的方向之一。设计师可以不受条件制约，在虚拟世界里创作、观察、修改。在现代展示设计中数字媒体艺术的虚拟性将改变传统的展品陈列方式，即展品可以不在一个具体的现实环境中进行展出，也可以没有具体的实体形态，因为这一切将以虚拟方式来进行呈现。

利用展示的虚拟性不仅可以搭建源自现实的场景，还可以创造出纯粹想象虚幻的情景。在虚拟展示空间中，观众可以通过3D眼镜和其他辅助设施，畅游在虚拟空间里。虚拟技术虽然只存在于网络服务器和网络终端，但却极大地扩展了实体空间，观众都能"如实"地感受到任何时间发生的任何事，还可以提前"体验"未来世界，人们将在其中获得全新的体验感。

4.1.3 数字化展示设计的应用

目前，数字技术在展示设计中的应用已经达到了深入发展阶段。在各种展示活动上，影像技术、虚拟技术等都已经实现了可以向数千参观者传达信息的能力。相比而言，传统展示设计中通过文字介绍和图片表现来传播信息的标牌就显得较为落伍了。现代展示中的环幕电影激光投影、交互触摸屏等都已成为展示主流。例如在2010年上海世博会，中国馆内展出了长128m、高6.5m的巨幅《清明上河图》，不过这可不是画卷的实物展出，而是设计人员利用数字成像技术在山形巨制屏幕上打造的一幅虚拟画卷，将原版的清明上河图放大了30倍，由12台电影级的投影设备完成。令人称奇的是，画面中的每个人物都具有"生命力"，整件作品结合声、光、电全效，展现了宋朝民间繁华的商业景象。正是通过数字技术才使我们熟知的静态的《清明上河图》画卷变成了动态的形式，每位参观者都被这一虚拟仿真艺术效果所深深吸引。

随着数字科技的发展，数字化展示方式也随之发生了变化，同时也被展览馆和博物馆所广泛应用。较常见的数字展示技术有虚拟现实类、数字沙盘类、全息投影类等，以及当下较为流行的增强现实技术（AR）和混合现实技术等，这些都对展示方式起到了巨大的影响和推动作用。

4.1.4 数字化展示设计技术发展现状与趋势

在过去的十年中，数字化设计已从一个尚在试验阶段的概念成长为现代设计领域的中坚力量。它的发展现状既令人振奋，又充满了变数。

首先，设计软件和工具的多样性为设计师提供了前所未有的选择空间。Adobe系列软件，如Photoshop、Illustrator和XD，继续在图形设计、UI/UX设计和动画制作中扮演重要角色。然而，新的软件，如Sketch和Figma，也为设计师带来了更多的协作功能和更直观的界面设计工具。此外，对于工程和建筑设计师来说，AutoCAD仍然是首选，但新的3D建模工具，如Blender和Cinema 4D，为设计师提供了更多的创意自由度。

3D打印技术在产品设计和原型制作中的应用也正在快速扩展。传统设计流程需要设计师为其创意制作实体模型，这既耗时又耗费资源。但现在，设计师可以直接从数字设计中打印出3D模型，大大加快了原型制作和测试的过程。

虚拟现实（VR）和增强现实（AR）技术的兴起为数字化设计带来了新的可能性。设计师不再只满足于在屏幕上展示他们的设计，而是可以通过这些技术为用户提供一个身临其境的体验。例如，室内设计师可以使用VR技术为客户提供一个虚拟的房间参观，让他们在决定购买之前体验空间的真实感觉。

另一个值得注意的发展是移动设计的普及。随着智能手机和平板电脑在全球的普及，设计师面临的挑战是如何为这些设备创造吸引人、功能强大和响应迅速的设计。移动优先的设计理念已经成为主流，特点是简洁、直观和用户友好。数字化设计的发展现状是一个融合了传统技巧和创新技术的多元化领域。设计师现在拥有了更多的工具和资源来实现他们的创意，但也面临着更多的挑战和竞争。

随着技术的持续进步，数字化设计领域正迎来一系列引人注目的变化。这些变化预示着设计的未来方向，并为设计师提供新的机会和挑战。

（1）人工智能与设计的结合

近年来，人工智能（AI）已经渗透到许多领域，数字化设计也不例外。AI在设计中的应用主要集中在两个方面：自动化和辅助设计。自动化工具可以帮助设计师快速生成设计元素，如颜色方案、布局和图形元素。而AI辅助工具可以为设计师提供设计建议，预测用户行为，甚至帮助他们识别潜在的设计问题。

（2）虚拟现实（VR）和增强现实（AR）的进一步发展

虽然VR和AR技术已经存在了一段时间，但它们在数字化设计中的应用仍然处于初级阶段。随着技术的进步，我们可以预期这些技术将为数字化设计带来更多的创新。例如，室内设计师可以使用AR技术为客户展示家具和装饰品在真实空间中的样子，而不仅是在屏幕上。

（3）设计的个性化和定制化

随着技术的进步，设计师现在有能力为每个用户或客户提供个性化的设计体验。这不仅适用于数字产品，如网站和应用程序，也适用于实体产品。通过数据分析和用户反馈，设计师可以更好地了解用户的需求和偏好，并据此提供定制的设计解决方案。

（4）3D打印和材料的科学结合

3D打印技术的进步使设计师能够快速地将他们的设计从数字世界转化为现实。同时，材料科学的进步为设计师提供了更多的选择，使他们能够使用新型材料和技术创造前所未有的设计。

（5）设计与可持续性的结合

随着全球对环境问题的日益关注，可持续性成为设计领域的一个重要趋势。设计师不仅需要考虑他们的设计对环境的影响，还需要考虑如何使用设计来解决环境问题。这可能涉及使用可回收或生物降解的材料，或者创造能够减少资源浪费的设计。

总体来说，数字化设计的发展趋势显示出一个充满活力和变革的未来。设计师需要不断地学习和适应，才能与时俱进。

4.2 数字化展示设计原理

数字化展示设计是以新产品设计为目标，以计算机软硬件技术为基础，以数字化信息为手段，支持产品建模、分析、性能预测、优化以及生成设计文档的相关技术。数字化展示技术群以计算机图形学为理论基础，支持产品设计过程，包括公理性设计、计算机辅助设计、面向"X"设计、可靠性设计、精度设计等。

数字化展示设计可通过多媒体技术、虚拟现实技术和多点触控等技术对产品进行三维建模、动画制作和三维虚拟交互设计，并将模型、图像、文字、音频等多种表现形式结合在一起，让用户通过特定形式与虚拟产品进行交互，从而更直观和富有兴趣地了解产品。近年来，科技的飞速发展不仅为新时代提供了先进的生产力，同时也为产品的展示与消费模式带来了崭新的变化。它的出现不仅吸引了消费者的目光，同时也丰富了产品展示的表现、传播和欣赏手段，带给受众前所未有的新鲜体验。它最大的目的就是要让用户能够更加详细地了解所要展示的产品。所以，数字化展示设计要以用户为中心来设计，以交互设计为理论来支撑。设计时必须真正从用户的角度出发，综合考虑用户的心理和行为因素，最大程度做到以用户为中心进行设计。

相对于传统的展示，数字化展示是以三维模型作为载体，利用虚拟现实手段在多媒体条件下全方位地展示产品信息。用户可以以任意角度、任意比例观看感兴趣的细节，也能够利用互动操作来演示产品的功能和使用过程，还能通过3D立体透明效果直接观看产品的内部结构。相对于平面图片来说，虚拟产品展示能够把对象旋转360°，增加了展示的细节。数字化的产品展示方式大大提高了产品信息的展示效果，让用户得到传统实物展示和平面展示不能得到的产品信息。

相比其他的信息展示手段，数字产品展示最具优势的特点在于其交互性。"交互"顾名思义就是相互的、非单一的，它注重的是用户通过多种输入输出方式与系统进行直接的双向交流。传统的实物展示或图片展示往往只有特定的展示状态，而数字化展示由于其软件技术的多样性，产品展示可以出现多种形式，用户可以根据自己的兴趣单击某个部分进行详细研究，也可以改变各种图像的显示方式，如把产品半透明化以看到内部结构，甚至根据自己的喜好运用平台组合新的产品等。一方面，用户有更多的自主权去决定以何种方式获得何种信息；另一方面，这种信息的反馈是迅速且及时的。

近年来人们对于定制家居认识的增加和日益增长的追求，如何高效展示定制化家居设计成为了一大难题，这也就催生了家居云设计平台，主要有酷家乐、三维家、圆方等。

4.3　酷家乐软件设计基础

4.3.1　酷家乐软件简介

酷家乐定位为3D智能云设计软件，依托于网络，直接在浏览器中搜索"酷家乐"就可以进入官方网站。通过云平台设计资源共享，快速设计、快速出图，与传统的AutoCAD、3DMax不同的是它本身自带素材和相关教程，用户使用起来非常方便，达到了快速制作的目的。

传统的设计方法，户型和素材都需要自己准备测量或者搜集，而酷家乐依托于大数据的网络云平台，只需要在海量的素材库里搜索就可以找到自己想要的素材，实现了资源共享。

（1）**户型数据库**

户型是我们进行室内外设计的第一步，互联网时代的优势就是大数据共享，对于大部分开发商开发的商品房户型，在酷家乐的搜户型里只需要输入城市和小区名称就可以在户型里面找到自己所需的户型。这样快速精准的户型定位给我们的设计和学习带来极大的便捷。

（2）灵感库

对于初学者来说，最快的学习方式就是开拓眼界，在优秀的案例里吸取养分。酷家乐提供海量的优秀案例作为灵感库，为用户提供了大量的学习资料，也成为销售端现成的资料库。

（3）公共素材库

做设计需要很多素材，在以往的传统设计教学中，搜集素材成为制约学生设计的一个非常重要的因素。大量的素材库携带起来不仅不方便，而且更新换代特别快。而作为云设计平台的酷家乐提供的公共素材库，只要通过网络就可以获取大量的设计素材，并且分类详细。其中包括建筑构件、硬装、家具组合、陈设饰品、灯饰家电、厨卫专项、品牌馆等。

（4）行业库与企业库

行业库将整个设计分成几大部分：全部硬装工具、全屋家具定制、厨卫定制、门窗定制、水电工具。针对不同部分提供不同的设计工具，每个工具下提供更加详细的细部设计内容和材质素材，对用户来说设计的过程也是学习的过程，挑选素材的过程也是学习材质的过程，细节设计的部分包含制作工艺的内容。

4.3.2 酷家乐软件操作

酷家乐是一款专业且高效的云端设计工具，学习简单，可迅速上手，以下将对酷家乐基础操作进行介绍。

4.3.2.1 酷家乐工具界面介绍

完成客户端下载（图4-3）后，打开页面，如图4-4所示，在操作栏中可以看到"我的工作台""模板""作品""素材"等模块。单击"开始设计"就可以创建一个新的方案，在"我的方案"中，可以查询到制作完成的历史作品。

在"模板"界面可以看到其他设计师所做的3D场景模板以及提案PPT模板，如图4-5所示，可以在这些作品的基础上进行想要的场景制作。

图4-3 客户端下载

图4-4　酷家乐工具界面

图4-5　酷家乐"模板"界面

　　如图4-6所示，在"素材"模块可以看到酷家乐庞大的模型库，制作方案时，有很多模型可供用户选择。而且模型库也根据家具类型、空间类型做了分类，方便用户可以快速找到想要的模型。同时也具备搜索功能，可以根据自己的需求查找合适的模型。除了如此庞大的公共模型库以外，用户还可以自己上传模型。用户上传或者收藏的模型以及在户型制作过程中使用过的模型都会在素材库"我的"分类中，便于后期查找和再次使用。

　　在"模型库"中的"品牌馆"里展示了许多品牌真实售卖的模型素材，用户在线上线下都可以进行购买。

图4-6 酷家乐"模型库"界面

单击"开始设计"后就进入到家居设计板块,基本操作界面如图4-7所示。

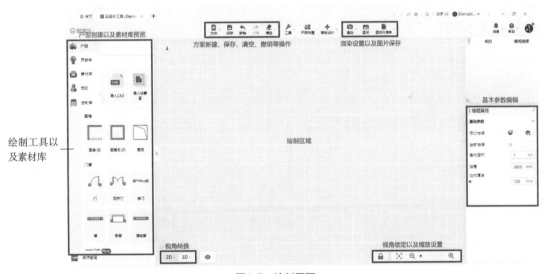

图4-7 绘制界面

左侧为绘制工具以及素材库;左上方为方案新建、保存、清空、撤销等操作;右上方为渲染设置,可以进行渲染操作以及图库的保存;右侧为基本参数设置,根据绘制的不同步骤可以进行不同参数的调整。

左下方为视角切换,可以进行平面、顶面、立面、鸟瞰、漫游等视角的变换。选择"鸟瞰",以俯视的视角对整个户型进行设计,鸟瞰图的效果,能够更全面地看到空间的布局,如图4-8所示。选择"漫游",以第一人称的视角沉浸在户型当中进行漫游体验和设计,让用户仿佛置身于这个空间内。

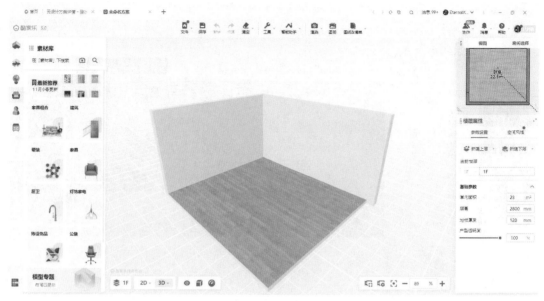

图4-8　"鸟瞰"视角图

右下角为画面的缩放以及视角锁定等操作；中部即为绘制区域，可以拖动模型放置到此处；用户可以根据需求改变视图，也可以通过鼠标左键进行旋转，用鼠标右键移动画面，滑动鼠标滚轮进行画面缩放。

4.3.2.2　装修逻辑

在进行户型装修时，有一个正确的装修逻辑能够节省操作时间，更加方便、快速地进行整体家装。正确的装修逻辑如图4-9所示。

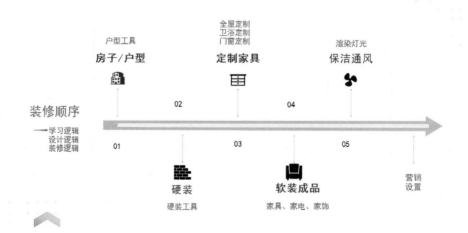

图4-9　装修逻辑图

4.3.2.3 户型工具

创建一个新方案后，首先进行基本户型的创建。创建户型有多种方法，单击"搜索户型库"，就能在户型库中搜索到某城市某小区的户型，可以供用户直接应用；也可以导入CAD文件或图片进行识别或者临摹，快速精准地生成对应房型，如图4-10所示。

图4-10　户型创建工具栏

当然，也可以选择"自由绘制"，通过使用酷家乐的户型工具，进行墙体、门窗等的创建。通过调节右边操作栏的基础参数更改室内面积、楼层高度、地板高度、产品透明度等相关设置，如图4-11所示。

图4-11　"自由绘制"操作界面

（1）绘制墙体

"自由绘制"是户型创建中最常用也是最基础的一种方法，简单易学，能够轻松画出想要的户型图。

在绘制户型前，需要先做一些基础设置。在左侧操作栏中选择"画墙"工具后，在右侧选择墙体的定位线为"内部""中心线"或者"外部"，如图4-12所示。同时，也可以设置墙体的

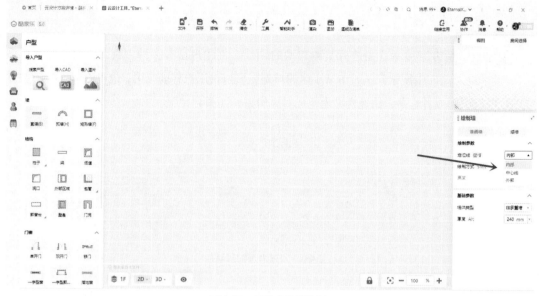

图4-12　墙体定位线选择

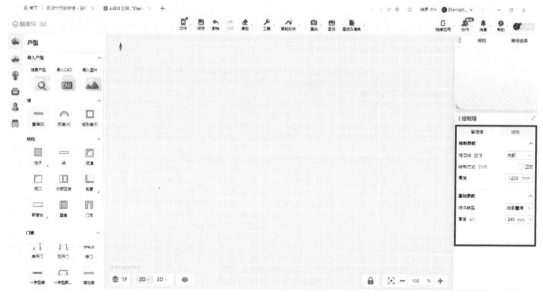

图4-13　"绘制墙"命令工具栏

厚度以及墙体是否为承重墙,绘制"矮墙"时还可以调整墙体的高度,如图4-13所示。

酷家乐还提供"吸附"功能,可以自动吸附至墙体或关键点,如图4-14所示,帮助使用者更好地绘制。如果在绘制过程中,自动吸附影响到点的位置,可以一边按住"Ctrl"临时解除吸附,一边找到点的位置单击鼠标确定。如果需要长时间解除吸附,可以通过操作栏单击吸附的开关来关闭或打开吸附辅助。酷家乐提供的"正交"模式,可让使用者在绘制横平竖直的墙体时更加简便。通过上方操作栏勾选该模式来启用正交功能,开启后,只能绘制水平和竖直方向的墙体。

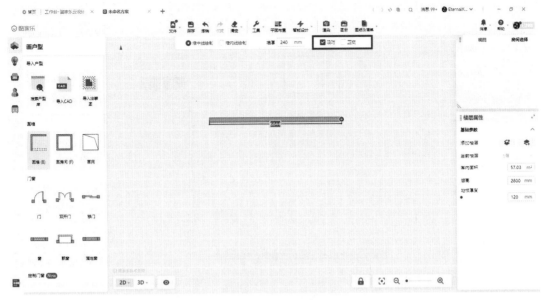

图4-14 "吸附"功能

设置好相关指令后，进入绘制墙体操作，可以遵循"左三下右两下"的操作口诀进行绘制。左键单击"画墙"，在户型绘制处，左键单击起始点，向想要创建的墙体方向进行拖拽，左键单击终点处即可完成一道墙体的绘制。或者将相应尺寸输入到尺寸框，就可以绘制出指定长度的墙体，如图4-15所示。如果要取消绘制就单击鼠标右键，要退出"画墙"工具就再次单击右键。

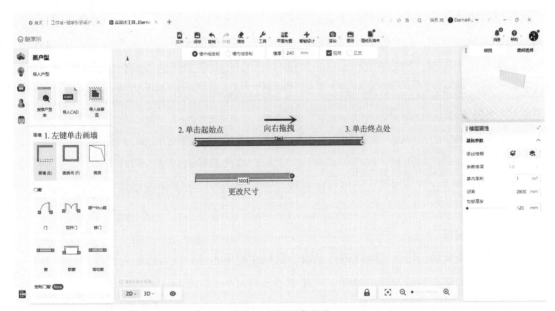

图4-15 "画墙"操作

在操作栏中还可以对墙体进行"连接""拆分""对齐"操作，如图4-16所示。

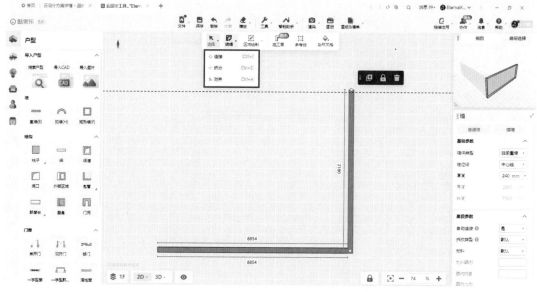

图4-16　"连接""拆分""对齐"操作

❶ 连接。单击"连接"工具，再单击两面相接的墙体，即可将其合并成一堵墙。

❷ 拆分。单击"拆分"选项，然后在墙体上选择想要分割的位置，单击后即可将墙体拆分为两部分。

❸ 对齐。首先选择"对齐"工具，单击需要对齐的线，然后选择被对齐的线，则可以将墙体对齐到一个水平线上。

（2）绘制房间

绘制的墙体围成一个空间后就自动生成了房间，一定要检查空间是否已经闭合。闭合的空间中会出现地面材质，如果没有出现，则需要仔细检查墙体的闭合情况。一般情况下，封闭的墙体都会有两个端点，如果某段墙体有一端没有封闭，则其没封闭的端点会显示为黄色的小圆圈。如果这面墙体旁边也没有地面材质，则说明这段墙体是导致整个房间没有封闭的原因，只需将其与附近的墙体连接即可。

封闭房间的绘制：单击"画房间"，单击起始点，向想要创建的房间方向拖拽，单击终点，最后双击右键退出房间绘制，如图4-17所示。也可以拖拽后输入尺寸，然后回车，完成房间创建。如果房间画完之后不满意，可以直接拖拽端点进行调整。或者拖拽墙体，可以随意改变房间大小。

（3）墙的编辑

完成房间绘制后，可以对墙体进行编辑，鼠标左键单击墙体就可以在右侧看到墙体的基础参数，可以对墙体类型以及墙的厚度、高度（不能超过户型的层高）等进行调整，如图4-18所示。如果考虑墙体的结构，需要设置"承重墙"，则在操作栏中勾选"承重墙"选项。设置为"承重墙"的墙体会显示黑色。但是有时候不是整个墙体都是一种结构或者高度，此时可以对墙进行拆分，拆分默认在墙体中部进行分割，可以单击墙的尺寸参数进行修改。

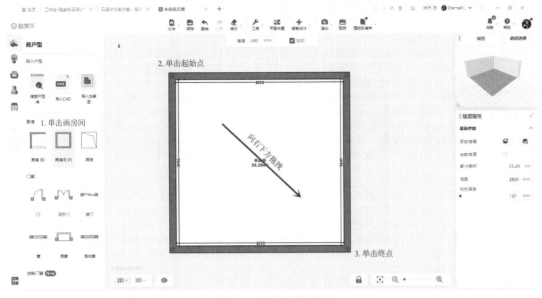

图4-17 封闭房间的绘制

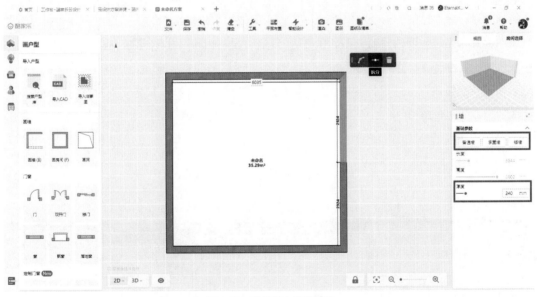

图4-18 墙的基本参数调整

　　如果想要制作曲面造型的墙体，单击墙体后，选择"曲线"命令，墙体将自动为曲线造型，拖动蓝色控制点可以调整墙体的弯曲程度，如图4-19所示。

　　（4）门窗布置

　　在"素材库—建筑—门/窗"中选择想要布置的门窗类型，在平面视角下，将其拖动到墙体上，门窗将会自动附着。如果需要对门窗的大小进行调整，单击门窗之后拖拽其两端的端点或者在"宽度"属性中直接输入尺寸，都可以调整大小。单击门窗，在右侧操作栏中可以对门窗

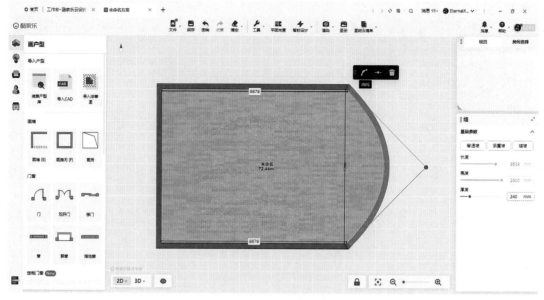

图4-19　曲面墙型的绘制

基本参数进行调节，根据需求设置门的长度、高度、厚度、离地高度等。

　　通过悬浮操作栏中的指令可以进行门的翻转（改变门的朝向、合页位置）、替换（可以按照自己的喜好替换成想要的门窗类型和风格）、复制（复制相同尺寸样式的门窗）、收藏（方便下一次快速找到自己喜欢的门窗类型）、锁定（锁定门窗位置方向）、删除。若要对门窗进行替换，除了使用替换按钮直接进行替换外，还可以选中想要替换的模型直接拖动到对应门窗位置即可完成替换，如图4-20和图4-21所示。

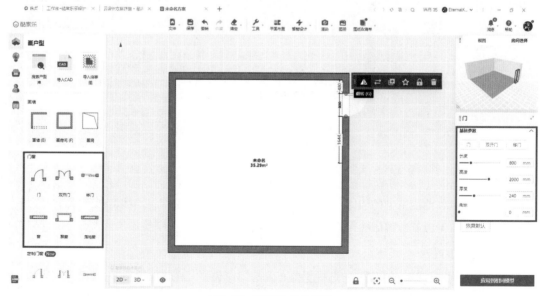

图4-20　"门窗"参数调整

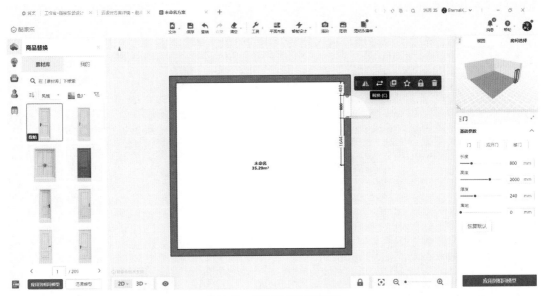

图4-21 "门窗"素材库替换

值得注意的是，如果要替换飘窗模型，一定要先在户型工具里放上飘窗的构件，后续才能进行飘窗替换。

（5）空间属性设置

画完房间后，需要对其进行命名操作。单击房间内任意位置，在右侧的操作栏处进行房间类型（卧室、厨房、客厅、卫生间等）的选择。如果没有合适的选择，可以选择"自定义"，自己命名，如图4-22所示。每绘制完一个空间一定要对其进行命名，这样后期在全景漫游的时候才会正确显示每个空间的名称。

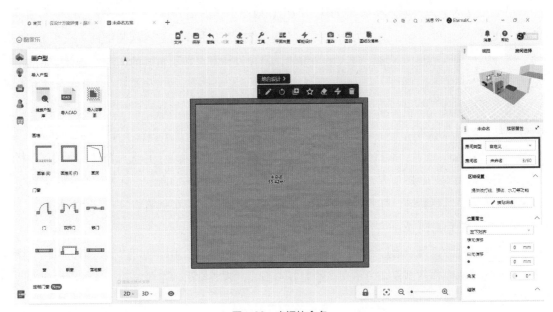

图4-22 房间的命名

4.3.2.4 硬装调用

创建户型后，按照装修逻辑，进入硬装调用的阶段。单击素材库找到硬装装修模块，如图4-23所示。

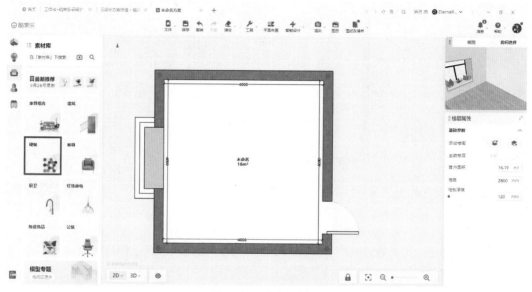

图4-23 硬装装修模块

（1）吊顶选用

吊顶工具与墙面工具大致相似，唯一的区别在于吊顶工具可以对室内顶面部分进行灯源设计布置。全屋硬装工具的吊顶工具，能满足大部分造型吊顶的绘制需求。配合角线、灯线，可以让室内硬装空间更加丰富。

吊顶工具的下吊关系，和墙面工具的凸出、地面工具的抬升一样。下吊就是将平面往下凸出，在吊顶设计中，下吊关系尤为重要。具体操作：首先是单击进入硬装工具，选择顶面视角。选择需要编辑的顶面区域，进入吊顶编辑，吊顶设计重点在于角线的用法，还有吊顶的下吊关系、对空间的布灯。

现在开始制作一个吊顶造型。进入吊顶编辑页面，可以从左侧选择常用造型来绘制，通过上方工具栏调节凸出的具体数值。较为常用的家装吊顶尺寸一般是吊顶往下吊150~300mm，凸出墙250~400mm。或者"参数化吊顶"可以在素材库搜索家居风格，并选择自己喜欢的吊顶样式，单击并拖动到平面图上方，它将自动适应户型尺寸，如图4-24所示。在悬浮操作栏可以进行吊顶的左右、前后翻转，样式替换与复制。在右侧工具栏可以根据需求进行吊顶的长度、宽度、高度、离地距离调节。

这里需要注意，可以通过下吊关系的编辑制作吊顶的层次效果，也可以通过单击吊顶造型线，添加角线来制作造型复杂的吊顶。绘制好造型线，需要给吊顶覆盖材质，选择墙漆或者壁纸来美化吊顶造型，如图4-25所示。

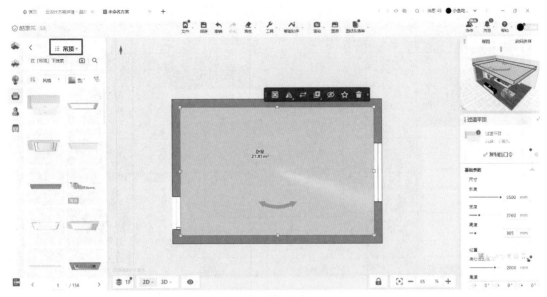

图4-24　"吊顶"素材库

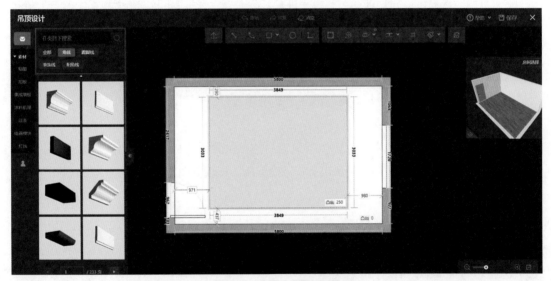

图4-25　吊顶的造型和材质

覆盖好材质，下一步就是给吊顶造型布灯。有以下几种类型：

❶ 吊灯。主要照明灯具，悬挂式灯具，可以根据风格与灯具配饰进行选择。

❷ 吸顶灯。与吊顶形成整体的灯具，是主要照明灯具之一。

❸ 筒灯/射灯。辅助灯源，突出室内设计重点，同时辅助室内照明。

一般来说，可以选择筒灯对吊顶下吊部分进行灯源布置，使用吊顶对吊顶内空部分进行布灯。吊顶悬挂区域尽量与空间设计相贴合，筒灯的布灯尽量做到统一、对称、工整，如图4-26所示。

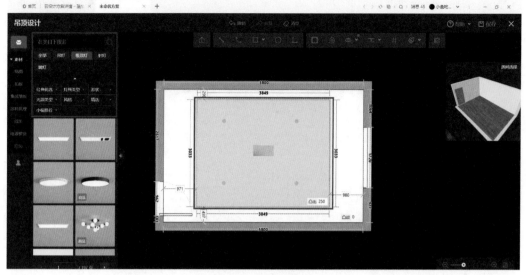

图4-26　吊顶造型布灯

在布灯的时候，可以根据辅助对齐线来进行目测对齐。按住Tab键，选择预览区的右上角图标进入预览。当效果达到预期，就可以完成区域吊顶制作，也可以渲染预览吊顶的效果。

（2）地面铺装

地面铺装可分为木地板铺装和瓷砖铺装。木地板铺装可以在"素材库—硬装—地板"中搜索想要的地板风格、材质，也可以通过颜色、品牌等进行筛选。选择合适的地板后，单击地面并单击所选择的地板类型，能够自动进行铺贴。

单击地板，在右侧工具栏中可以调整地板的铺贴位置，地板间隙（地板间隙一般不大于20mm）等相关参数。悬浮操作栏处可以进行铺贴编辑、地板方向旋转、复制、收藏、清空现有地板以及智能设计功能，如图4-27所示。

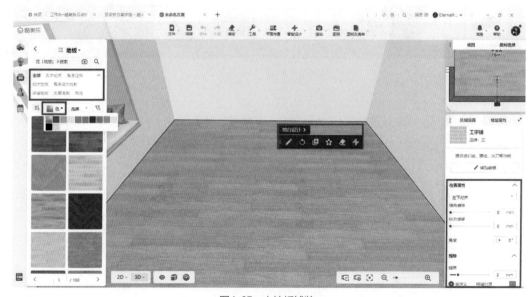

图4-27　木地板铺装

瓷砖铺装可以单击"素材库—硬装—瓷砖"进行瓷砖方案的铺贴。与木地板铺贴相似，可以选择不同风格、不同颜色的瓷砖模型。悬浮操作栏和右侧操作栏与木地板铺贴功能相同。

如果想更加细致地对铺贴方案进行编辑，可以单击"地台设计"。采用上方编辑栏的直线、弧线、矩形、圆形等命令，在地面进行形状的绘制，根据需求对地面进行划分。例如给地面添加一个波打线，先在地面绘制两个矩形，并对其位置尺寸进行调整。这样整个地面就被划分为三部分，可以选用不同材质或者瓷砖花型进行铺装，如图4-28所示。还可以设置地面的凸出值，能够十分方便快捷地制作地台。

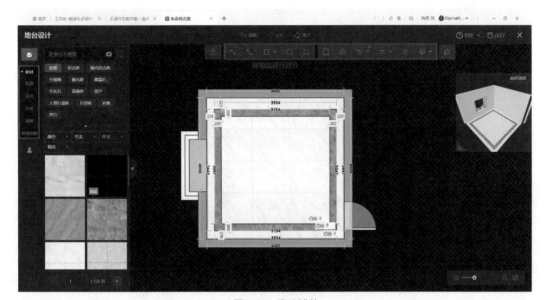

图4-28　瓷砖铺装

单击地面可以进入铺贴的详细编辑模块，在左侧操作栏中可以设置地板的铺贴方式、铺贴方向、地砖的偏移量、地砖缝隙等相关参数。

（3）墙体设计

通过单击视图快捷键【4】漫游，可以切换到图中的视角，拖动右上方的相机位置，可以调整视角的远近，也可以单击地面上的方向键进行调整。

首先进行踢脚线的铺设。单击"素材库—硬装—踢脚线"，可以看到不同类型和材质的踢脚线，将踢脚线模型拖动到墙体处，它将自动适应房间尺寸铺满整个房间；按住Ctrl键可以进行单面墙体的铺设，如图4-29所示。单击踢脚线，在右侧操作栏可以进行踢脚线的高度和长度调节。装修方案的风格类型不同，踢脚线的高度也不同，低踢脚线高度一般在40~100mm，高踢脚线高度一般在150~250mm。单击地板，在悬浮操作栏中可以进行踢脚线的替换、复制、收藏、删除等操作。

在"素材库—硬装"中进行墙体装饰材料的选择，可以单击对应的颜色和类型进行分类查找。用户可以按照需求，选择合适的装饰材料，将其直接拖动到墙面即可自动装饰整个房间的墙面，按住Ctrl键可以选择单面墙体进行材质的附着和更改，如图4-30所示。

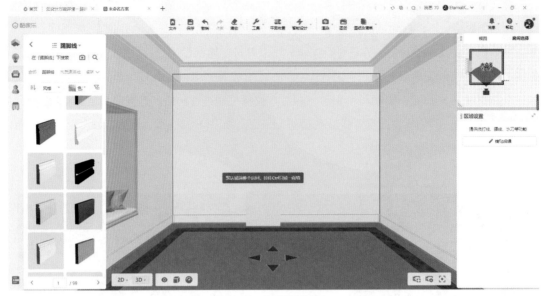

图4-29　踢脚线的铺设

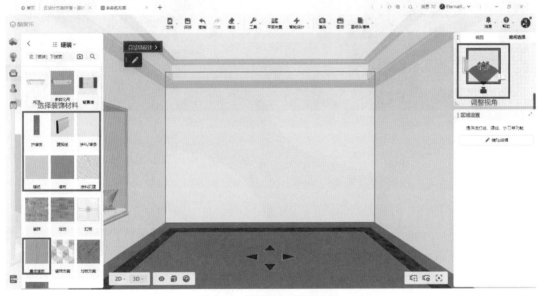

图4-30　墙体装饰材料的选择

　　如果要对墙体造型进行编辑，可以单击对应墙面进入"背景墙设计"。与"地台设计"相似，可以进行背景墙绘制、铺贴墙板等操作设置。如果墙面需要铺贴墙砖，也可以在此处设置铺贴方式、墙砖大小，如图4-31所示。

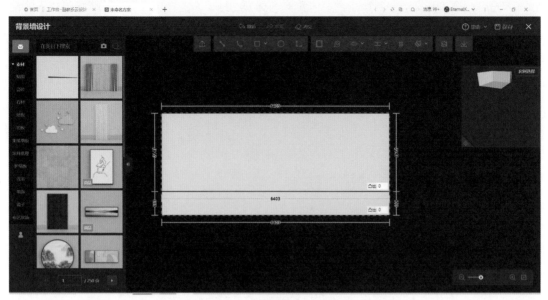

图4-31　"背景墙设计"界面

4.3.2.5　橱柜定制

有些用户想根据户型尺寸来进行橱柜设计，此时就可以使用"橱柜定制"板块来满足客户的定制需求。用户可以自由设计各种柜类，根据自己的要求进行柜内空间设计。单击定制"定制库—全屋家具定制"即可进入橱柜定制界面，如图4-32所示。

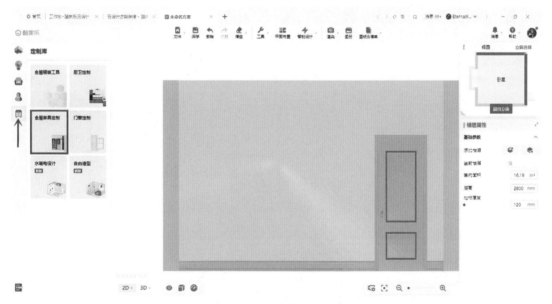

图4-32　"全屋家具定制"板块

首先进行柜体布置，左侧操作栏中包含多种类型的柜体，选择想要制作的橱柜形式，拖动到空间中的相应位置即可。

单击柜体，输入柜体与墙面之间的距离数值即可进行柜体位置的调节。右侧操作栏中还可以修改柜体的宽度、深度、高度、距离楼板的距离等参数，也可进行柜体的翻转等操作，如图4-33所示。

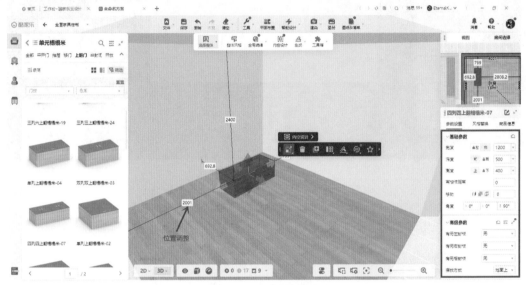

图4-33　柜体参数调整

单击悬浮操作栏，可以对家具进行缩放、旋转等操作，或按快捷键"R"也可以对家具进行旋转，如图4-34所示。单击"复制"按钮，即可对选中的柜体进行快速复制，使柜类制作更加方便。

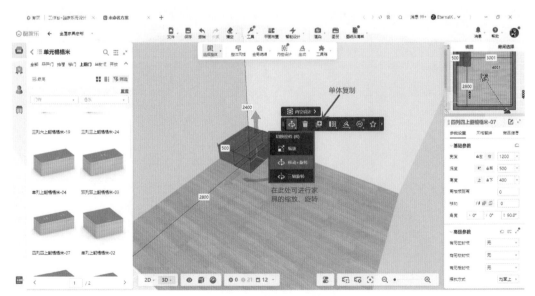

图4-34　"复制"操作

　　此处以衣柜为例，单击左侧衣柜选项，可以选择相应类型的衣柜拖到空间中。位置操作等与榻榻米柜相同，单击衣柜，可以在右侧参数栏调节衣柜尺寸大小、有无脚线等，还可以对踢脚的高度进行修改，如图4-35所示。

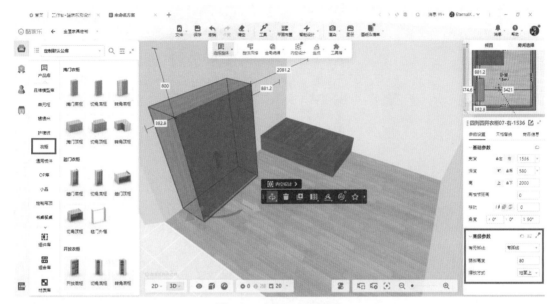

图4-35　衣柜尺寸参数调整

　　上方操作栏中有"选择整体"和"选择组件"选项。当使用"选择整体"命令时，只能对柜子整体进行编辑，如果要对柜子的单个组件进行编辑，就要先切换到"选择组件"。

　　若要对柜类内部结构进行细化与编辑，可以单击"内空设计"，将视角转换到立面视角，能够更加清晰地看到衣柜的结构。单击柜门，可以进行打开、删除等操作，此时右侧操作栏可以对门板材质风格进行更换，也可以更换把手样式，调整把手位置。左侧操作栏具有不同的组件信息，可以根据需求对衣柜样式进行更改，如图4-36所示。

　　单击"参数设置"，可以对门板类型、方向、位置等进行调整，如图4-37所示。

　　单击上方操作栏中"生成"按钮，可以依据柜体类型生成台面、顶线、脚线、水槽、移门、把手、地脚等部件，并按照自己的需求调整对应的尺寸和样式，如图4-38所示。此处以移门及地脚的生成为例。

❶ 移门门扇的添加。首先删除柜子原本的掩门，单击"生成—移门"即可进入移门设置页面，在右侧操作栏中可以对移门参数进行调整，更改样式以及开合方式等，如图4-39所示。

❷ 添加地脚。单击"生成—地脚"，即可在操作栏右侧看到相关参数调整，可以根据需求更换地脚样式、调节地脚高度及其放置位置。

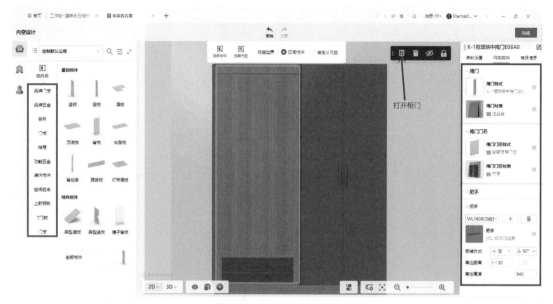

图4-36　"内空设计"界面

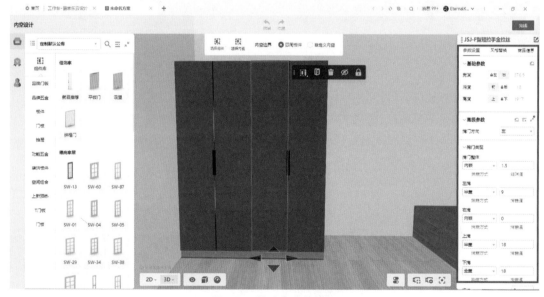

图4-37　"门板"参数设置

❸顶柜布置。选择合适的顶柜样式，单击拖动模型放置到衣柜顶部，在右侧操作栏中调节顶柜相关参数，使其与下方衣柜尺寸相适应。

上述讲解的是衣柜的制作。用户可根据不同场景的需求与尺寸定制不同形式、不同风格以及不同结构的柜子。

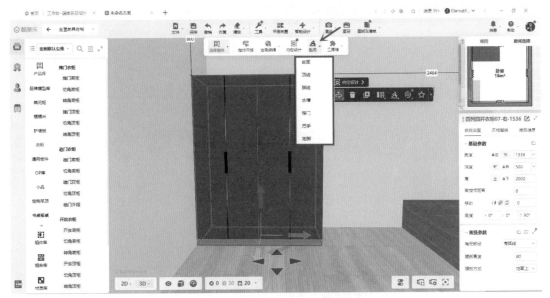

图4-38 操作栏"生成"功能键

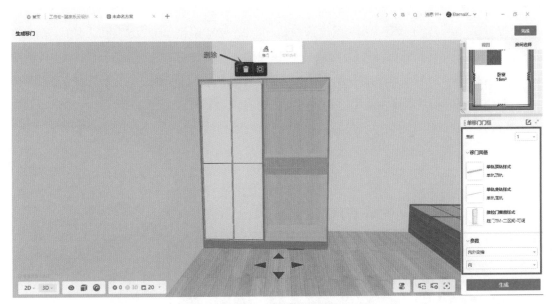

图4-39 移门门扇的添加

4.3.2.6 软装布置

（1）模型摆放

软装布置界面左侧就是酷家乐云设计的"模型库"和"灵感库"，用户可以在模型库上方的搜索栏中输入关键词来查找模型，如图4-40所示。

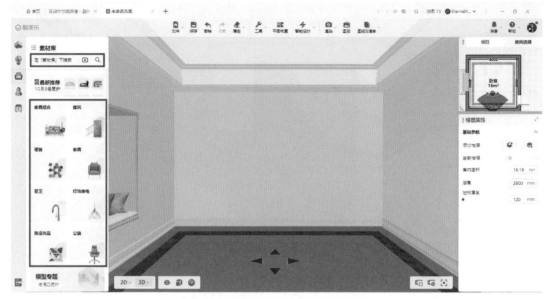

图4-40 酷家乐"模型库"和"灵感库"

"灵感库"中包含了设计师提供的优秀方案，可以一键应用到自己的方案设计当中。用户筛选房间类型后就可以看到相应的设计方案，单击左侧的智能布局方案，酷家乐会根据空间的功能、面积和门窗位置智能地做出布置。用户可以按照需求再进行家具位置的调整，也可以选择只应用此方案的软装或者硬装设计，如图4-41至图4-43所示，十分方便。

摆放家具的操作非常简单，最好切换到平面视图，能够更加直观地调整家具位置。选中

图4-41 房型筛选和"智能设计"功能

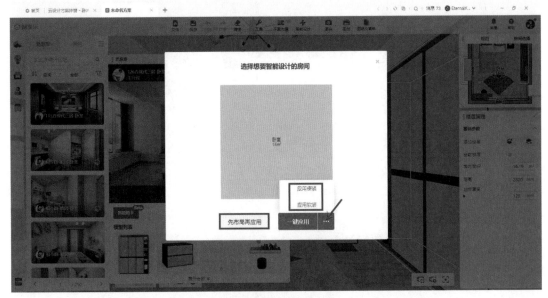

图4-42 "智能设计"操作

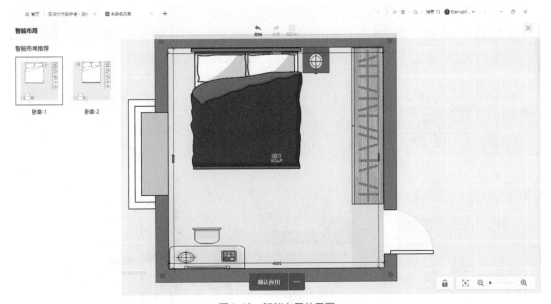

图4-43 智能布局效果图

想要的家具直接拖动到空间相应位置即可。单击家具，会出现悬浮操作栏，从左到右依次是翻转、替换、复制、隐藏、收藏、锁定、删除，如图4-44所示，用户可以按照自己的需求对家具进行编辑。

单击对应家具，可以在界面右侧进行家具基础参数的调整，模型库中的家具一般为市场上的常用尺寸，所以一般不对家具尺寸进行调节。如果必须改变大小，那么可在一个合理的范围内做等比例调整。在界面的左下角还可以看到与选择的家具配套的产品，能够组合出更加协调的家具搭配。

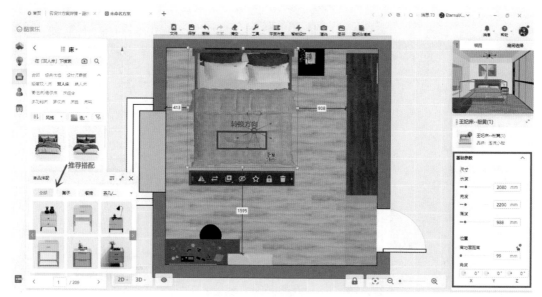

图4-44　家具的摆放

（2）材质替换

在3D视角下，选中模型就会出现"材质替换"操作栏，如图4-45所示。在材质替换中可以改变模型的材质、颜色，更加自由地编辑、改变模型，从而满足用户需求。

图4-45　"材质替换"操作栏

进入"材质替换"操作页面后，用户可按照需求在页面左侧的材质库中挑选想要的材质。在"模型"的旁板中可以进行家具部位的选择，选择好后，单击相应材质即可完成替换，界面右侧可以进行材质的位置调节。在界面右上角有渲染模型操作，可以渲染单个模型，快速查看材质替换后的实际效果，如图4-46所示。

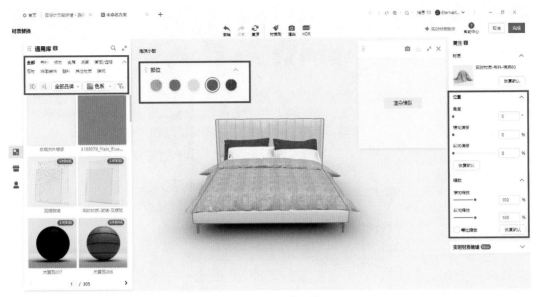

图4-46 "材质替换"操作界面

除了"通用库"的材质外，用户还可以自己上传模型材质。单击"上传材质"后，在弹出的页面中对上传材质的种类进行设计，然后选择本地材质图片上传即可。编辑完成后单击"保存"，此材质将保存到自己的材质库里，可供用户使用，如图4-47所示。

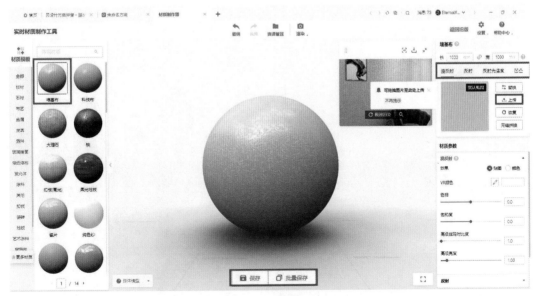

图4-47 上传模型材质

（3）模型组合

如果想要将搭配好的模型进行保存，方便下一次运用，可以按住Shift键选择想要组合的家具模型，然后单击"组合"命令，家具将自动成组，如图4-48所示。组合好后可以进行收藏，这样该模型就会出现在"模型库—我的—收藏—我的组合"中，方便用户查找使用。

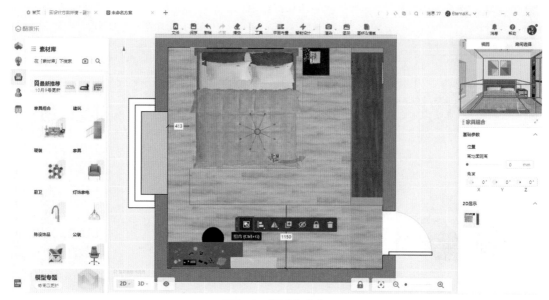

图4-48　"组合"命令

4.3.2.7 渲染灯光与相机设置

完成空间基本设计后，就要进入关键的渲染环节，通过渲染效果图可以直观地看到最终效果。选择要渲染的房间，然后单击上方操作栏中的"渲染"，就可以进入效果图渲染界面，如图4-49所示。

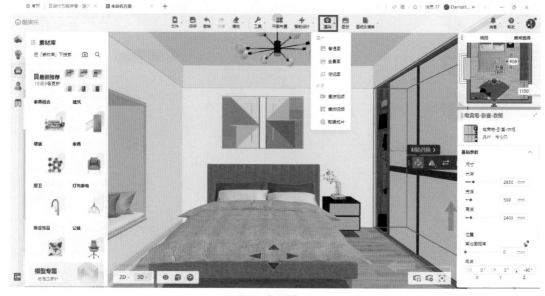

图4-49　"渲染"操作

（1）界面初识

用户可以选择渲染的效果图类型，渲染界面可以进行图片大小、清晰度选择以及灯光和外景设置等，还可以制作漫游视频。用户可以根据需求调整相机参数和位置，如图4-50所示。

图4-50　"渲染"界面

（2）灯光设置

灯光设置是决定渲染效果的关键因素，所以首先要进行灯光选择。对于新手来说，可以选择使用酷家乐的默认灯光，酷家乐会根据场景与灯光推荐合适的灯光搭配。如果用户具有一定的打光基础，可以进入手动打光页面进行操作，如图4-51所示。

图4-51　灯光设置

在自定义打光界面，首先要选择灯光模板，后续将在此模板的基础上进行编辑改动。选择白天灯光模板时，会出现太阳光的编辑，用户可以按照需求调整太阳光的色温、阴影柔和度以及亮度，如图4-52所示。也可以选择自己定义阳光照射位置，仰俯角对光线的影响如图4-53所示。

图4-52　灯光模板参数调节

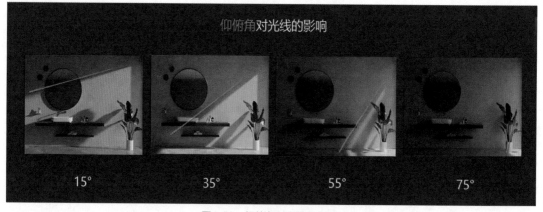

图4-53　仰俯角对光线的影响

在页面左侧可以根据场景需求添加不同类型的光源，包括面光源、点光源、筒灯、射灯等，每种灯光都有自己的特点，用户根据空间的具体情况灵活使用。

系统灯光模板会提供几个默认光源，用户可以进行保留或者删除。单击相应灯光，可以在界面右侧进行灯光颜色、亮度、高度等参数调节，如图4-54所示。

图4-54 光源参数调节

（3）渲染效果

调整好灯光后，可以进行初步渲染，看一下灯光布置是否合理，并且进行调整。酷家乐在渲染时会提供不同清晰度的渲染效果，清晰度越低，渲染速度越快。并且在渲染高清图时，需要花费一定的酷币。所以在进行灯光调节时，可以先渲染标清图片，确定渲染效果后再升级为高清效果图，如图4-55和图4-56所示。

图4-55 标清效果图

图4-56 高清效果图

（4）相机设置

确定渲染效果后，调整相机位置，单击"相机设置"，可以对相机的高度、角度、视野等参数进行调整。注意，相机必须放置在房间内，不可以与墙体重合或者放置在墙外，否则无法渲染出室内空间。

调整好相机高度、视角以后，要在户型中将相机放在一个合理的位置进行渲染，如图4-57所示。

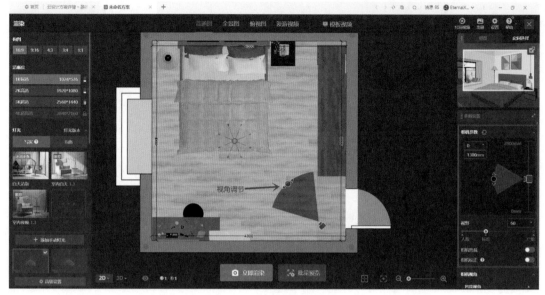

图4-57　渲染相机参数调节

4.3.2.8 效果图保存和全景图制作

（1）效果图渲染

相较于其他设计软件，酷家乐的渲染速度非常快，几分钟就可以渲染出场景的高清效果图。单击"立即渲染"命令，等待几分钟即可渲染完毕，渲染完成的效果图将出现在右上角的"图库"中，如图4-58所示。

完成渲染后，如果对效果图比较满意，可以单击"升级"按钮，从而使渲染效果更加清晰真实。在此界面还可以进行分析、下载、删除、保存视角等操作，如图4-59所示。

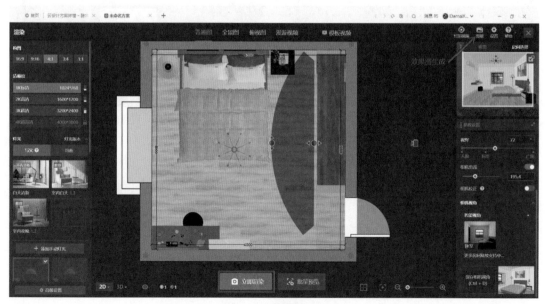

图4-58　效果图渲染

图4-59　效果图编辑界面

（2）全景图制作

全景图可以让用户360°全方位感受整个空间。比起普通效果图，全景图更直观，视觉冲击力更大。全景漫游图就是把每一个房间都渲染成全景图，再将这些图组合起来形成一个整体，让用户可以从一个房间穿越到另外一个房间，有一种身临其境的感觉。

首先单击"全景图"，进入全景图渲染。页面大致与普通图渲染相同，但是全景图的相机为一个黑灰色圆框，黑色部分所对方向即为全景图的起始位置。所以要挑选适当的位置作为起始，然后单击"立即渲染"即可，如图4-60所示。

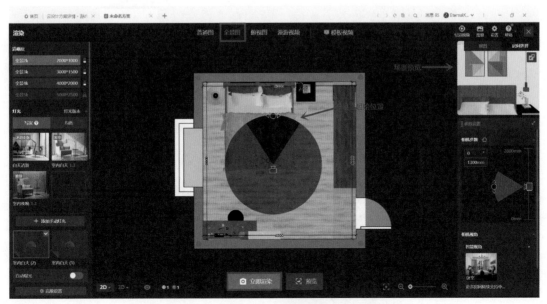

图4-60　全景图渲染

渲染完成后，可以按住左键旋转查看整个房间的全景图，还可以进行下载、分享、删除等操作，如图4-61所示。

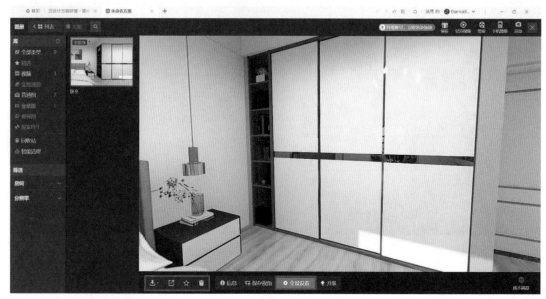

图4-61   全景图查看与操作

（3）全景漫游图制作

渲染好每个场景的漫游图后，在图库中单击"全屋漫游"，就可进入全景漫游图制作，如图4-62所示。进入页面后，可以看到每个空间的全景图，把需要的全景图打钩，然后挑选一张作为全景漫游图的起始视角，如图4-63和图4-64所示。最后单击"手动合成漫游图"，一个完整的全景漫游就完成了。

图4-62   全景漫游图

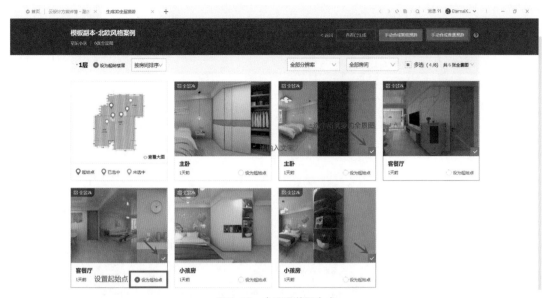

图4-63　全屋漫游图合成

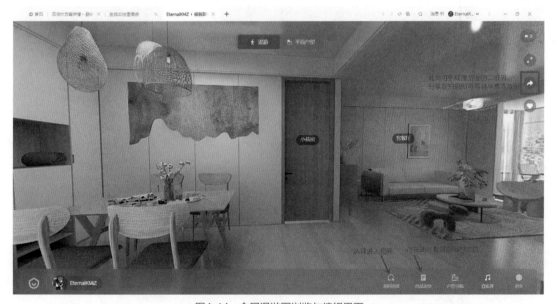

图4-64　全屋漫游图浏览与编辑界面

4.3.2.9　方案详情页

整个方案制作完成后，则可以进入方案详情页面。在这里能够更改方案的一些信息，如名称、权限，同时也可以进行查看方案清单、导出施工图、完成全景图等操作。

（1）修改方案名称和权限

单击编辑按钮，可以修改方案名称以及所设计户型的所在地。

制作方案一般会自动设置为"公开可复制"状态，如果用户想要保护自己的方案不被其他人复制，可以将其改为"私有不可复制"状态，如图4-65所示。

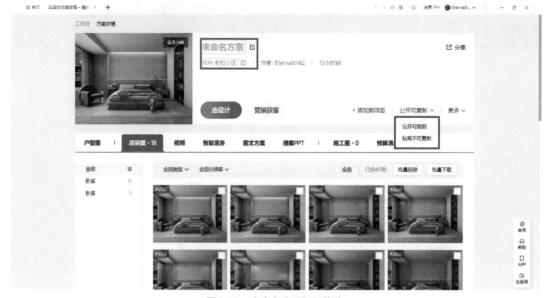

图4-65　方案名称及权限修改

（2）导出历史版本

　　如果想恢复之前的方案操作，可以用"导出历史版本"功能。单击"更多—恢复历史版本"，在左上角的"文件—恢复历史版本"中有不同时间段系统自动保存和用户手动保存的方案文件。选中后单击"恢复"，方案将还原成以前保存过的版本，如图4-66所示。

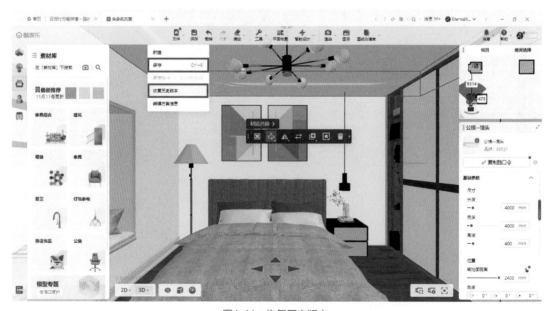

图4-66　恢复历史版本

（3）预算清单

　　单击"预算清单"，系统将算出本次装修方案的大概预算，其中包括的各种材料和家具以及施工费用能够为用户提供参考。单击"下载清单"还可以将此清单进行导出，如图4-67所示。

（4）生成图纸

方案完成后，可以导出CAD施工图。单击"施工图"，选择想要导出的施工图种类，系统将自动生成CAD图；如果用户想要细化标注，可以采用操作栏中的标注工具进行补充，如图4-68所示。编辑完成后单击"保存"就可以分享和下载了。

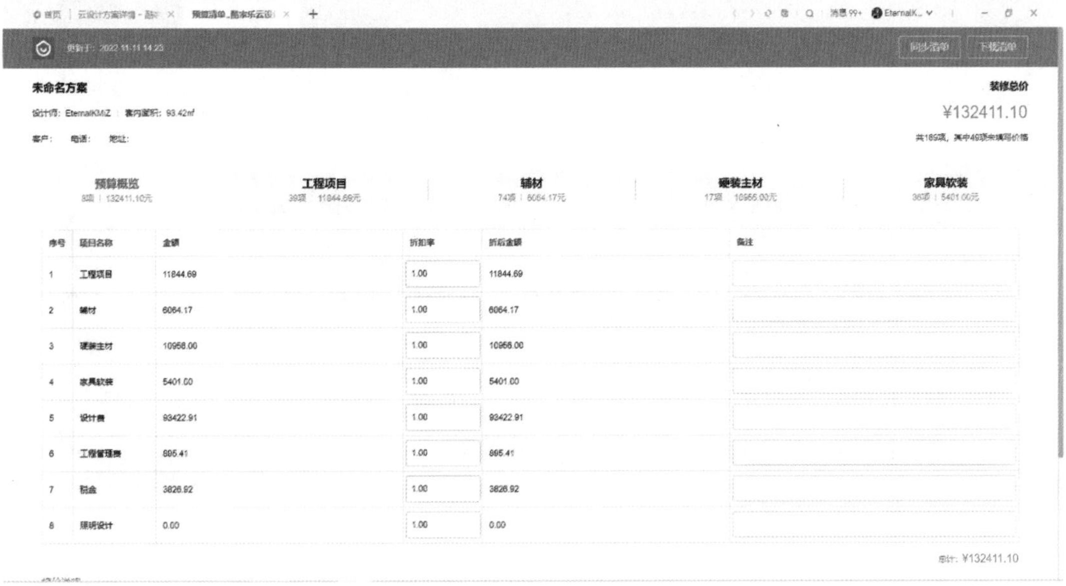

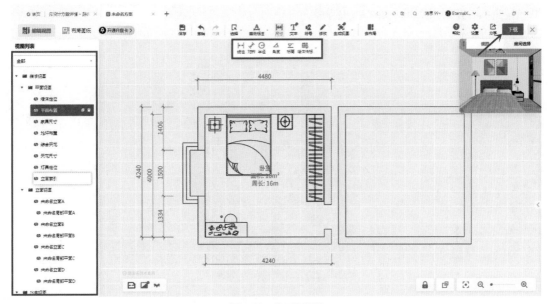

图4-67 预算清单下载导出

图4-68 施工图标注

4.4 基于酷家乐的数字化虚拟展示设计与实践

此部分内容将详细讲解如图4-69所示现代卧室的制作过程，包括硬装布置、柜类制作、家具布设、灯光设置以及效果图的渲染等。此为酷家乐操作案例。

图4-69　现代卧室效果图

（1）户型创建

首先创建一个卧室户型，可以通过"画墙"或者"画房间"指令进行创建。出现地板后表明已经生成一个封闭空间，如图4-70所示。

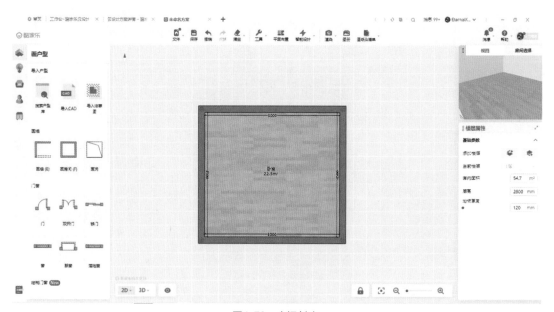

图4-70　房间创建

（2）门窗安装

进行飘窗的制作。对左侧墙体进行切分，切分完成后向外拉伸墙体，更改拉伸墙体的尺寸参数，从而制作出飘窗所在位置，如图4-71所示。在素材库中挑选喜欢的窗户模型，将其拖动到制作好的窗户位置，并调整窗户尺寸，如图4-72所示。

单击窗户，对窗户的材质进行替换，选中窗户玻璃后将其材质更改为"玻璃"，如图4-73所示。

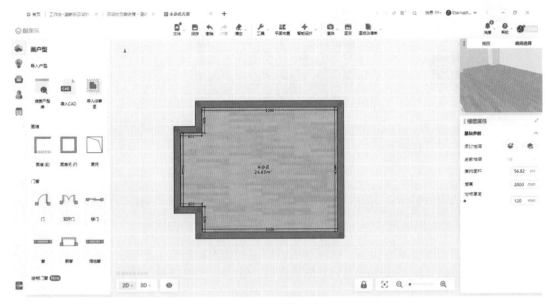

图4-71　制作飘窗

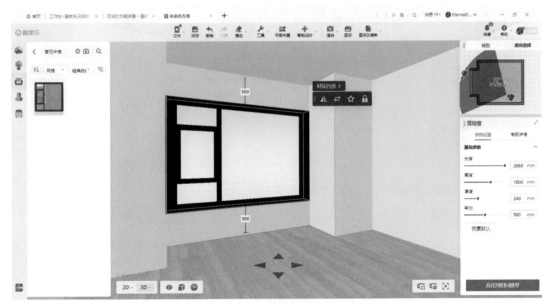

图4-72　选择窗户模型

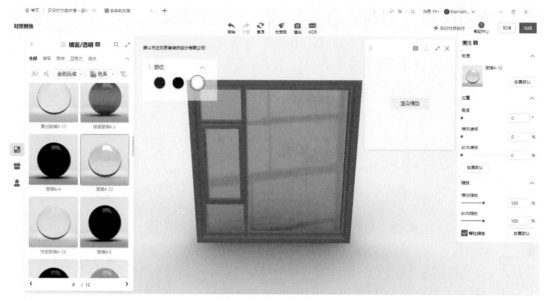

图4-73　替换窗户材质

下一步制作飘窗的地台。单击"定制库—全屋硬装工具",选择"矩形"命令,画出地台的形状后拉伸出平台,用直线对平台侧面进行分割,从而分割出表面铺贴的大理石材质位置,如图4-74和图4-75所示。用同样方法将窗户上面部分进行填补,如图4-76所示。之后可以对这些平面进行材质铺贴,选择合适的材料将其拖动到相应位置即可,如图4-77所示。

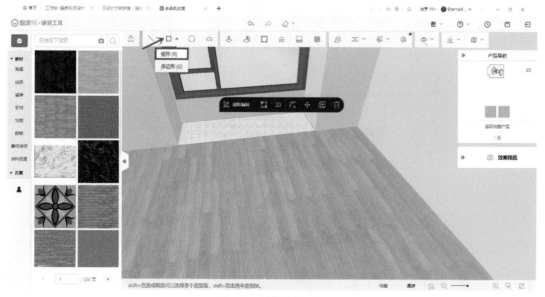

图4-74　绘制地台形状

图4-75　设置地台高度

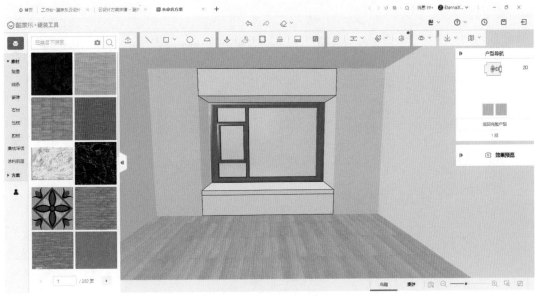

图4-76　填补窗台上部空间

接下来是门的安装。在"素材库"中选择喜欢的门模型，将其拖动到墙体上，门将自动吸附，通过"翻转"可以调整门的尺寸、位置和开合方向，如图4-78所示。

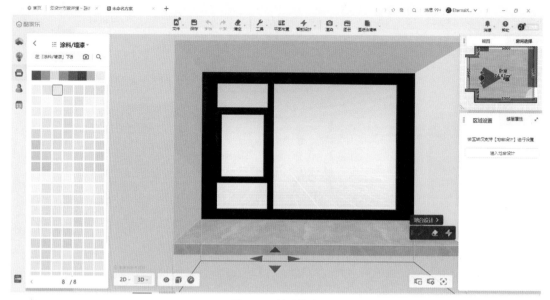

图4-77 材质铺贴

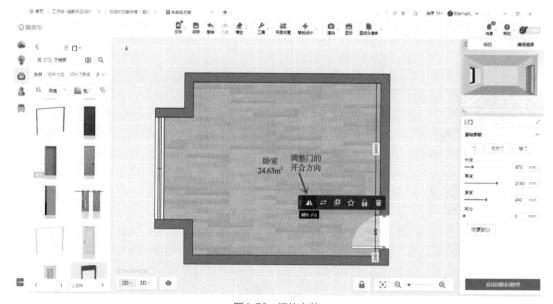

图4-78 门的安装

（3）地板铺贴

单击地面，进入"地台设计"，本次案例是卧室设计，选择了铺贴木地板，并选用工字铺贴方式，如图4-79所示。

（4）踢脚线布置

在模型库中选择适合此案例风格的踢脚线，将其拖动到墙体上，它将自动附着并且匹配房间形状。踢脚线将默认铺贴整个房间，按住Ctrl键可选择铺贴单面墙，如图4-80所示。单击踢脚线，在右侧操作栏中将踢脚线高度设置为80mm。

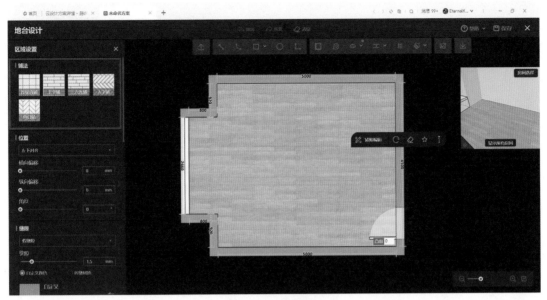

图4-79　木地板铺砖

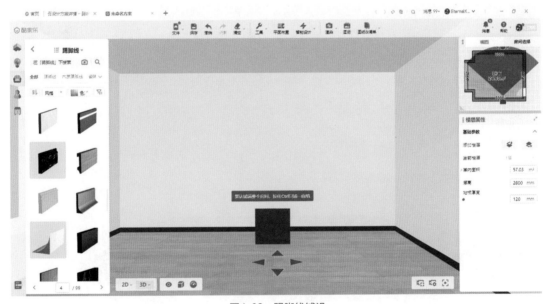

图4-80　踢脚线铺设

（5）吊顶制作

此案例中的不规则吊顶可以选择"定制库—全屋硬装工具"进行吊顶的绘制。单击顶面，选择"2D"，进入平面绘制，在进行顶面绘制时，要注意留出窗帘的位置，此处留出了200mm的空隙。将顶面分成三部分，如图4-81所示，切换到漫游视角，将顶面分别向下拉伸，从而做出顶面的不同高度，如图4-82所示。

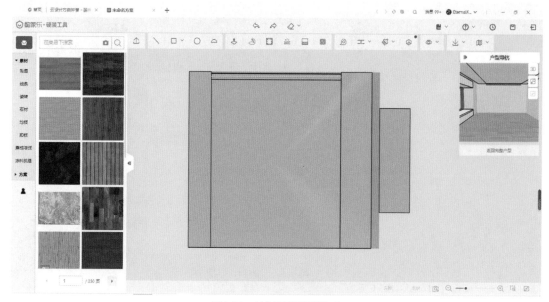

图4-81　绘制吊顶平面图形

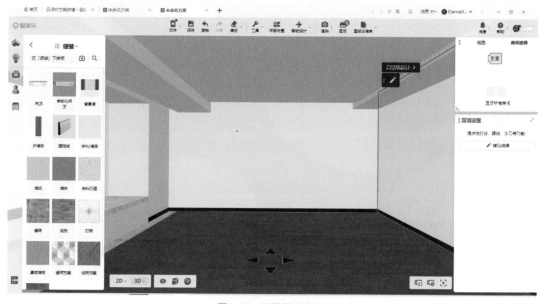

图4-82　设置吊顶高度

做完顶面造型后，对顶面造型进行材质的铺贴，在"素材"中选用合适的材质，按住左键将其拖动到对应平面即可，如图4-83所示。

（6）衣柜制作

第一步，制作柜体。选择单元柜中的万能标准柜，将其拖到相应位置，在右侧操作栏中调整其尺寸，如图4-84所示。

第二步，添加门板。选择合适的组件为衣柜添加门板，此处选用的是"无拉手开门"。将其

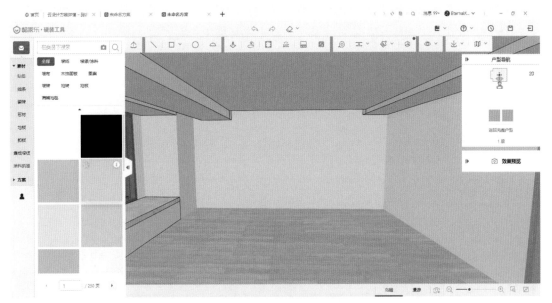

图4-83　吊顶材料铺贴

图4-84　制作柜体

拖动至衣柜位置，门板将自动附着，拉伸门板下边缘至衣柜底部，将其改为通顶门。单击门板后出现"拆分"选项，可以在右侧的操作栏中选择门的拆分形式，将其均分为两部分，变成双开门的形式，如图4-85所示。

第三步，对柜门的材质进行替换。在上方操作栏处将"选择整体"切换为"选择组件"，单击柜门后，在右侧操作栏中单击"风格替换"，即可对柜门样式以及材质进行替换，此处将柜门替换成了白色亚光材质，如图4-86所示。

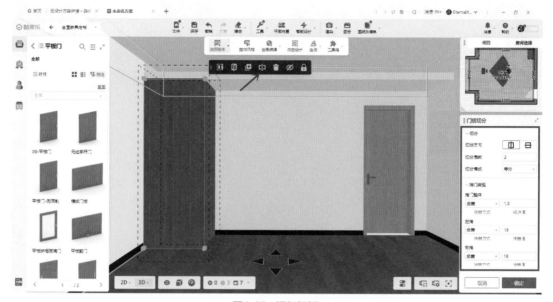

图4-85　添加门板

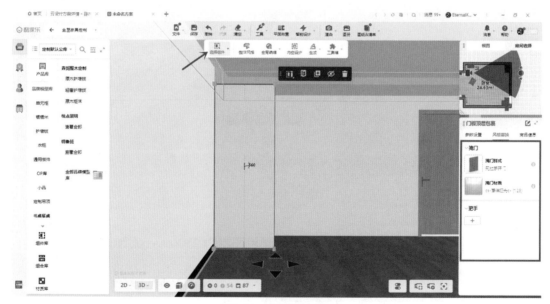

图4-86　替换柜门材质

　　第四步，复制两个相同单体，将其并排放置。将中间单体柜门样式更改成玻璃门，扣手材质替换为拉丝不锈钢，如图4-87所示。

　　第五步，添加层板。选择合适的层板，将其拖动到柜体中，它将自动适应柜体内部尺寸。单击层板，悬浮操作栏中会出现"板件均布"选项，蓝色区域为均分的选区，将其拉伸至整个衣柜空间，在右侧操作栏中将填充个数改为4，即可为衣柜添加四个层板，如图4-88和图4-89所示。

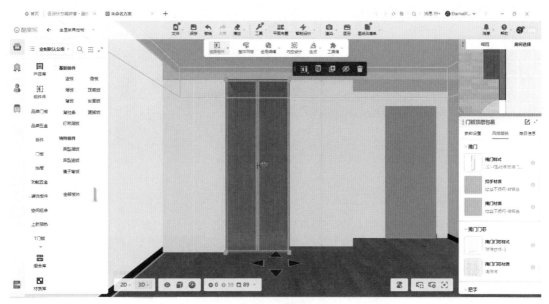

图4-87　复制柜体

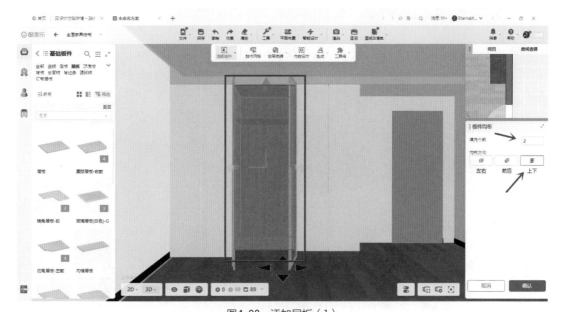

图4-88　添加层板（1）

第六步，添加边柜。选择合适的转角开放柜放置到衣柜旁边，可以对转角柜的尺寸进行适当调整，如图4-90所示，使其组合起来更加和谐。这样，定制衣柜的制作就完成了。

（7）置物柜制作

置物柜的制作与衣柜的制作步骤相同。

第一步，采用标准柜，调整置物柜的深度和宽度。

第二步，调整门板高度，拉伸门板成为通顶门，切分为双开门。

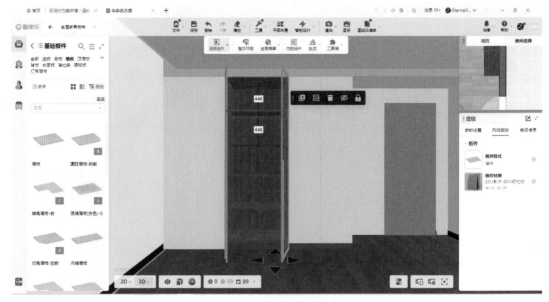

图4-89　添加层板（2）

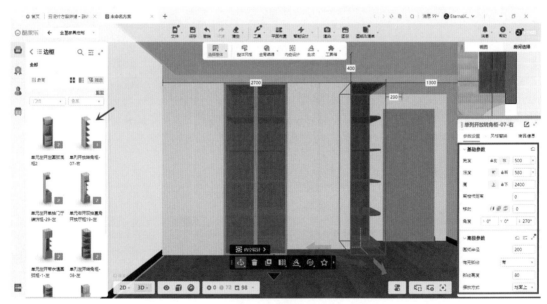

图4-90　放置边柜

第三步，替换门板和柜体的样式与材质，更换拉手样式，如图4-91所示。

（8）飘窗柜制作

此次案例中，飘窗柜制作成半开放的样式。首先选取两个标准柜，并列摆放并调节尺寸。左侧标准柜按照衣柜的制作方式进行制作，如图4-92所示。

图4-91 置物柜制作

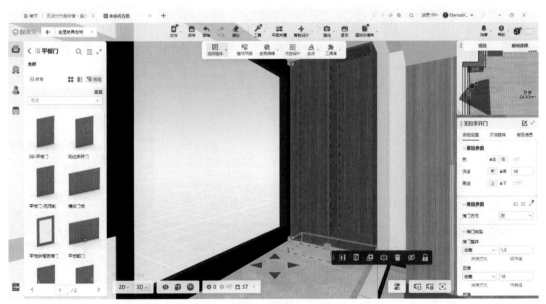

图4-92 飘窗柜制作

右侧则采用"板件均布"操作为柜体添加层板，开放柜还进行了套格设计，在"组件库—空间组合—收纳柜"中找到内嵌柜，将其拖动到相应位置的格子中，它将自动附着，柜子就制作完成了，下一步对柜子的材质进行替换即可，如图4-93所示。

（9）床头背景墙布置

单击背景墙，进入"背景墙设计"板块。此处显示整张墙的平面图，衣柜以及置物柜所在位置可以不进行装饰，采用操作栏上方的绘制工具对墙体进行区域划分，如图4-94所示。

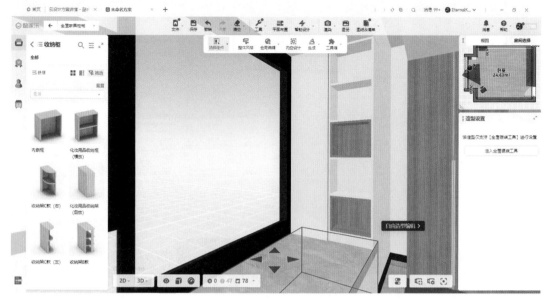

图4-93　添加柜体层板

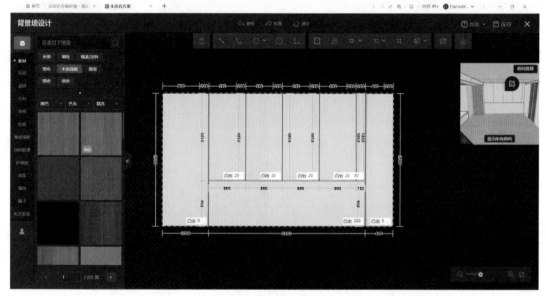

图4-94　背景墙设计

整个背景墙大致分为两部分，下半部分制作一个床头的灯带造型，对墙体进行了200mm的凸出处理，此区域的高度应比床头的高度高一些。单击所绘制的直线，左侧会弹出操作栏，可以设置灯槽灯带，单击添加内槽灯带，如图4-95所示。

灯带设置完成后，对墙体进行材质的铺贴。单击墙体会出现"墙体铺贴"命令，背景墙的下半部分采用了木纹饰面，上部分采用了纯色墙布，在左侧材质库中选择需要的材质拖拽到平面上，材质将自动附着在墙体上，如图4-96所示，单击"保存"即可。

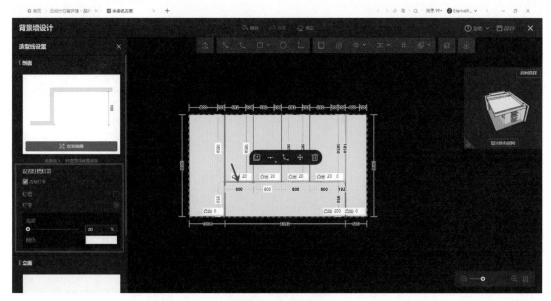

图4-95　添加灯带

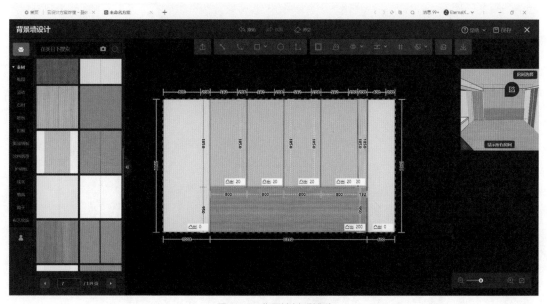

图4-96　背景墙材质铺贴

　　房间的其他墙面也可以通过"背景墙设计"铺贴好材质，如图4-97所示。至此，整个房间的硬装布置就完成了。

（10）软装布置

　　首先进行窗帘的布置。在设计吊顶时，已经提前预留好了窗帘的位置，只需要在素材库中找到合适的窗帘模型，适当调整其尺寸，并将其放置到相应位置即可。然后在素材库中找到合适的床、床头柜、地毯等家具模型，将其拖动到对应位置，根据需求对家具单体进行旋转、镜

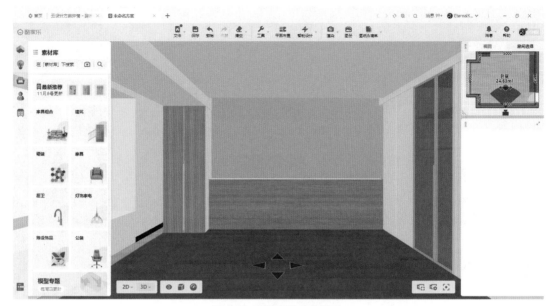

图4-97　设置其他墙体材质

像、复制等操作。

　　还可以在柜子中放入适当的装饰物，使整个空间更加完整和谐，如图4-98所示。

图4-98　软装布置

（11）相机布置

　　装饰场景后进入效果图渲染阶段。首先要进行相机的调整与布置，从而能够获得最佳视角的效果图。一般相机高度会设置为1000mm左右，相机高度过高会导致渲染效果不佳。左右移动相机位置，从而找到合适的效果图中心，如图4-99所示。

图4-99　相机调整

（12）外景选择

在进行灯光布置前，首先要选择一个外景。不同的外景对应太阳光的色温不同，在图片中可以看到每个场景大致的色温是多少。此处我们选择的外景为"城市1"，阳光色温为5500K左右，如图4-100所示。

图4-100　选择外景

（13）灯光布设

调整好相机视角后，开始布设场景的灯光。本次案例选用了手动灯光，首先选定一个基础方案，此处选择的是"室内白天1.3"，如图4-101所示。按住Shift键框选所有灯光进行删除，然后进行重新布置。

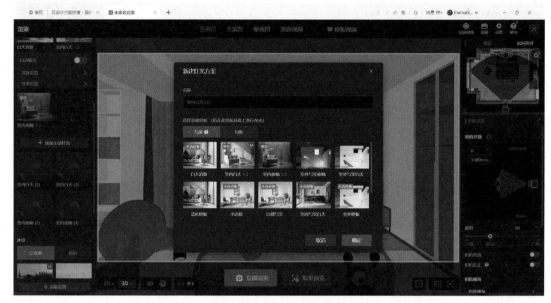

图4-101　选择灯光基本方案

第一步，进行阳光参数的设置。设置阳光的色温为5500K，阴影柔和度为2.5，亮度为20%，方位角为4°，俯仰角一般为20°~30°，此处设置为25°，阳光位置如图4-102所示。布置完阳光位置后，可以进行初步渲染，观察阳光投射效果，如图4-103所示。

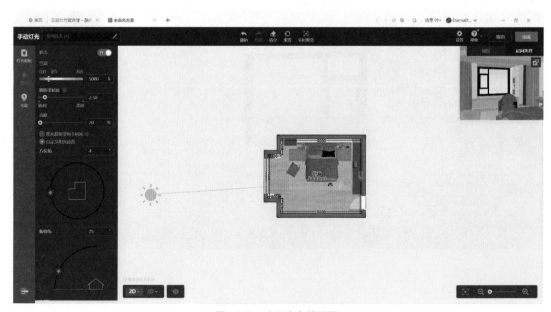

图4-102　太阳光参数设置

图4-103　阳光投射效果图

第二步，布置室内灯光。首先选择一个面光源，设定其色温为6500K，亮度为250%，高度为1200mm，大小可以按需进行调节，如图4-104所示。不过不要过大，否则会导致效果图过亮。将此灯光旋转90°，并复制此灯光向房间内部进行移动，设置成三层推进的效果。光源越靠近房间内部，亮度和尺寸应该越小，如图4-105所示。可以进行适当的调整，观察初步渲染效果，如图4-106所示。

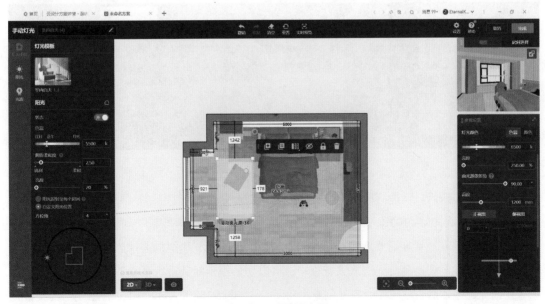

图4-104　面光源布置

图4-105　灯光复制与调节

图4-106　面光源效果图

布置完面光源后，再进行重点照明的布设。本次选用了"筒灯2"和"补灯1"，设置其色温为5500K，亮度为50%~100%，距离窗户近的灯光亮度要更大，距离窗户远的应该逐渐减小，可以灵活调整。将其放置在需要重点照明的位置，例如床头柜、床尾的摆件等位置，注意不要距离墙体过近，同时要避免灯光嵌入天花板中，可以切换视角对其进行观察调整。吊顶造型处可以采用面光源添加灯带效果，设置其色温为5000K，亮度为350%，高度为2550mm，将其放置在吊顶的凹陷处，如图4-107所示。灯光布置完成后，单击"完成"，即可对此灯光方案进行保存，便于后期应用。

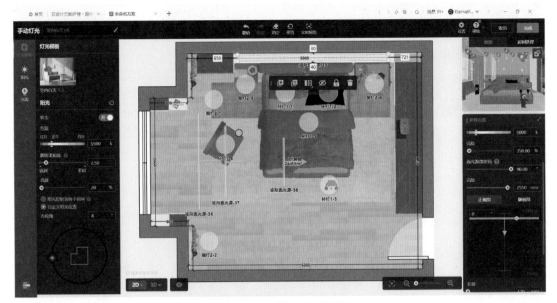

图4-107 重点照明灯光布置

（14）效果图渲染

回到渲染页面后，应用之前调整好的相机视角以及灯光方案，单击"立即渲染"即可进入效果图渲染界面，如图4-108所示。可以先选择较低清晰度，观察整体效果，再对清晰度进行升级。效果图渲染完成后即可进行下载、分享、收藏。

图4-108 最终效果图

✍ **作业与思考题**

1. 数字化展示设计的特征有哪些?

2. 数字化展示设计广泛应用在哪些方面?

3. 使用酷家乐进行室内设计时,正确的装修逻辑是什么?

第 5 章

板式家具产品数字化设计技术

🎯 **本章重点**

1. 板式家具产品数字化设计原理。
2. Wood CAD/CAM软件设计基础。

5.1 板式家具产品数字化设计技术概述

5.1.1 板式家具产品数字化设计

板式家具产品数字化设计与制造的理念在20世纪90年代就已经在欧美推广实施，并贯穿于销售、生产至配送的全过程。在销售过程中，设计人员通过三维销售展示平台，与客户进行现场沟通，确定产品的设计与价格；消费者确认设计后，即生成订单与产品数据，并通过网络直接传给工厂；工厂应用设计拆单软件，根据生产工序的不同，生成不同的数据文件，与计算机控制的设备进行无缝对接加工。其特点是销售图示化、拆单快速化、生产简单化、效率最大化，基本解决了板式家具企业所面临的问题。

不同的数字化制造软件，其操作方式有所差别，但核心均包括三部分软件：销售端软件（Woodnet）、设计拆单软件（Wood CAD/CAM）和开料优化软件（CutRite）。它们是在整个数字化制造过程中相互关联的三个独立软件，如图5-1所示。

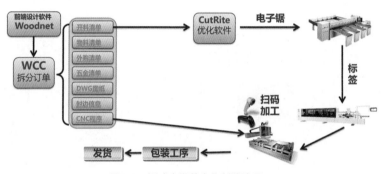

图5-1 板式家具数字化制造流程

家具销售门店设计人员应用Woodnet软件，根据客户具体需求进行室内与家具产品设计，一旦产品的结构与价格获得客户的认可，即生成产品订单，订单经客户确认后，通过网络传送至工厂。

工厂接到订单后，导入该订单的XML文件到设计拆单软件（Wood CAD/CAM）中自动拆单。根据企业的生产设备和加工流程，一次性生成各道加工工序所需要的工艺数据文件，如开料清单、家具部件的数控设备加工程序和其他物料清单等，并通过网络传给数控设备。通过开料优化软件优化开料清单，生成开料所需的数据文件，传送至相应的电子开料锯，进行优化下锯与余料管理。

生产人员接到生产指令后进行生产。开料清单包含订单产品需要加工的所有零件信息，即每个工件的属性，包括名称、尺寸、数量、纹理、封边、钻孔、加工工艺路线以及客户信息、订单号、包装编号等。零件信息通过标签打印机打印，标签可通过读码器识别，用于指导整个生产过程。

开料工人根据开料清单，在电子开料锯上查找对应订单，然后开始裁板下料。在设备显示屏菜单的提示下，进行上板、堆板和贴标签（一板一贴）工作。封边工人手持读码器，通过电脑读取零件信息，封边机控制系统根据零件信息自动调节、设定加工参数，按要求完成封边；钻孔与镂铣等工序的工人同样手持读码器，通过电脑读取零件信息，控制系统自动完成钻孔、铣型作业；组装工人也采用读码器获取零件信息，自动组装机根据零件信息自动完成组装。

5.1.2 板式家具产品企业制造数字化系统构成

不同的家具产品实施数字化的技术路线各不相同，目前国内外数字化整体解决方案大多基于板式家具。集成计算机辅助家具设计、计算机辅助家具制造、ERP、条形码、网络等技术，实现从设计、接单到生产、交货的全过程数字化控制。

根据板式家具产品的特点，目前面向家具企业的数字化系统主要由前端设计系统（接单系统）、订单管理系统、生产制造与发货系统构成，如图5-2所示。

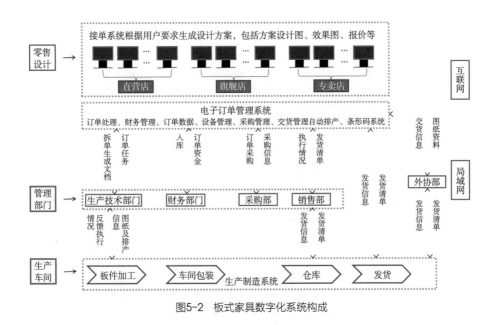

图5-2　板式家具数字化系统构成

5.1.2.1 前端设计和接单系统

接单系统是从零售端生成订单并向后台传回订单数据的系统。根据不同企业对定制需求的不同，可以分为标准化产品和非标准化产品的不同数据。如果要满足客户的定制化需求，接单系统一般要根据用户要求生成设计方案，包括方案设计图（基本视频、主要结构图）、效果图（电脑透视效果图、动画、声像等），对设计的产品能按要求进行即时报价等，且具有易操作的特点。目前，很多软件具有这项功能。前端设计系统数据资料应与制造端的资料具有一致性，可以直接生成订单相关文件。设计端的数据要进行分析（拆单），前端数据由系统拆单，自动生成制造端的资料。但有些系统一味关注出图效果，而设计端数据与制造端前后数据不能实现系统自动识别一致，导致企业在制造端需要大量懂系统、掌握系统流程与系统加工编码的人员以及拆单、核单人员，这就制约了企业的生产效率。

5.1.2.2 订单信息管理系统

订单信息管理系统（电子文档管理系统）主要进行订单管理，完成订单上传、下载、客户管理、BOM管理、发货管理、物流管理、订单跟踪、图纸管理、加工NC程序管理等功能。不同的系统称谓也有所不同，如圆方系统叫电子订单系统，20-20系统称为生产管理系统，部分电子文档管理系统也由此类系统的启发开发而成。不同的定制系统所用的开发平台不同，针对定制流程的不同，相应电子订单管理系统功能也不同。有的功能模块是系统内置，有的是独立模块。系统内部数据与电子订单数据关联，部分系统设计端与制造端主要依靠电子订单系统联系。

5.1.2.3 生产制造系统

生产制造环节是家具企业数字化系统中最复杂也是最容易出问题的环节。目前，订单信息可以通过图纸、标签、条形码等方式表现，生产端可通过人工、扫描条形码、直接接收输入信息等方式识别订单信息。零件信息包括生产工艺工序、分拣、包装、发货等内容，相关内容可根据实际需要设置，方便实际生产。一般包含零件的常用信息，如零件名称、订单号、用户、零件编号、材料、包装、发货等内容。

条形码与条形码号是产品信息的载体。条形码内部零件与BOM、工艺流程、加工NC程序、加工设备、加工刀具、供应商、销售代理商、生产操作员工、工时、订单用户、交货时间、地点等关联，可以及时查询零件的各种信息，同时也是补件与插件生产过程、生产进度、生产现场管理的工具。

条形码号是条形码的数字形式，与条形码具有一致性。在生产过程中，由于条形码损坏等原因无法识别时，通过输入条形码号调用零件的全部信息，同时具有直观可读性。例如条形码编号"X1508016"中"X"代表橱柜，"1508016"表示"2015年8月"，"016"表示"第16个订单"。在实际使用时，可根据企业的数字化管理规则，指定条形码代号内容。

生产标签是开料清单的精简形式，包含订单产品所有需要加工的零件信息，是每个工件的属性，包括名称、尺寸、数量、纹理、封边、钻孔、加工工艺路线以及客户信息、订单号、包装编号等。开料人员接到开料文件进行开料，与此同时，标签打印机打印相应的标签，实现一板一贴。标签上含有条形码，用于指导整个生产过程。

5.1.3 板式家具产品数字化设计发展现状与趋势

从1967年英国Molins公司建造首条FMS（柔性制造系统）以来，随着社会对产品多样化、低成本及短周期的迫切需求，FMS的发展尤为迅速。由于计算机技术、微电子技术、通信技术、机械与控制设备的进步，柔性制造技术也逐渐成熟。

进入20世纪80年代后，制造业自动化进入一个崭新时代——基于计算机的集成制造CIMS时代。而在此时，美国的家具企业开始转型，由原来的大批量少品种标准化开始向多品种小批量的客户化方向发展。制造方式也从刚性生产线向柔性生产线转变。

20世纪80年代中期，欧洲家具设备制造商在各国成功推行"32mm系统"，"32mm系统"在全世界范围开展研究和应用。于是在家具设计阶段就导入标准化、系列化、通用化的观念，为数字化生产建立基础。

1987年，TomBurke提出了美国家具制造业进入信息化时代，计算机技术在家具制造的各个环节都具有重要的作用，如产品设计、开料、计划、排产等。

到了20世纪90年代，日本丰田汽车制造工业首次提出精益生产（简称LP）思想，同时CAD/CAM、准时制生产（JUST-IN-TIME，JIT）、ERP等数字化制造、管理手段被广泛使用，这些先进理论和制造技术也逐步进入家具行业。与亚洲其他国家形成鲜明对比，日本大部分家具企业生产已经真正实现了机械化、自动化，这提高了产品质量和生产率，缩短了生产周期，减少了人工错误等，使得日本家具制造业在亚洲处于领先水平。

我国的企业数字化建设从20世纪70年代开始起步，80年代进行铺垫，90年代中后期进入快速发展阶段。"21世纪的网络、20世纪90年代的软件、20世纪80年代的应用、20世纪70年代的管理"是我国企业数字化总体水平的真实写照。要缩短我国企业与国际先进企业的"数字化鸿沟"，打造数字化企业，还需要系统研究和探索。

数字化制造将会从现在的设计生产数字化向生产跟踪反馈数字化、企业管理系统化和客户在线查询等方向发展，并实现以下新增功能：

❶ 优化软件与自动立体仓库的对接。

❷ 生产过程的跟踪与实时反馈。

❸ 设计软件与企业ERP系统的对接，实现对物料、生产的实时控制。

❹ 客服物流系统与企业管理系统对接，实现订单进度的在线查询。

❺ 售后系统与生产系统的对接。

板式家具数字化技术虽然近几年才在我国发展，但是随着服务水平和服务方式的不断改进和提升，运用数字化制造技术的家具企业会越来越多，绿色环保数字化制造技术必将成为家具制造企业的首选。

5.2 板式家具产品数字化设计原理

人造板作为一种标准工业板材，给家具这一传统行业带来了革命性的变化。因为这种材料克服了天然木材的某些缺点，为家具的工业化生产打开了方便之门。结构设计离不开材料的性能，对材料性能的理解是家具结构设计人员所必备的基础。传统木家具的构成形式为框架结构、榫卯接合。采用框架结构的合理性在于框架可以由线型构件构成，之所以用线型构件是由于木材所固有的湿胀干缩性能使板状实木构件难以驾驭。而用榫卯接合是由于木材类似于钢筋混凝土结构的力学性能，具有采用这种接合的条件。

5.2.1 板式家具产品的材料与结构特征

板式家具产品用材主要以人造板为基材，制造板式部件的材料可分为实心板和空心板两大类。实心板包括覆面刨花板、中密度纤维板、细木工板和多层胶合板等；空芯板是用胶合板、平板作覆面板，中间填充一些轻质芯料，经胶压制成的一种人造板材。某些场合甚至用刨花板或中密度纤维板作覆面材料，与空芯框胶合起来使用。由于芯板结构不同，空芯板的种类很多，有木条空芯板、方格空芯板、纸质蜂窝板、网格空芯板、发泡塑料空芯板、玉米芯或葵花秆作芯料的空芯板等。

板式家具产品结构应包括板式部件本身的结构和板式部件之间的连接结构，其主要优点如下：

❶ 节约木材，有利于保护生态环境。

❷ 结构稳定，不易变形。

❸ 自动化高效生产可以做到高产量，从而增加利润。

❹ 加工精度由高性能的机械来保证，从而可生产出满足消费者要求的高质量产品。

❺ 家具制造无须依靠传统的熟练木工。

❻ 预先进行的生产设计可减少材料和劳动力消耗。

❼ 便于质量监控。

❽ 使用定厚工业板材，可减少厚度上的尺寸误差。

❾ 便于搬运。

❿ 便于待装配（RTA）工作的实现。

5.2.2 "32mm系统"设计

失去了榫卯结构支撑的板式构件的连接需要寻求新的接合方法，这就是采用插入榫与现代家具五金的连接。插入榫与家具五金均需在板式构件上制造接口，最容易制造的接口是槽口，但更具加工效率的是圆孔。槽口可用普通锯片开出，圆孔可通过打眼实现。一件家具需要制造大量接口，所以采用圆孔更为多见，加工圆孔时排钻起着重要作用。要获得良好的连接，对材料、连接件及接口加工工具等都需要综合考虑，"32mm系统"就此在实践中诞生，并成为世界板式家具的通用体系。现代板式家具结构设计被要求按"32mm系统"规范执行。

（1）什么是"32mm系统"

"32mm系统"是以32mm为模数制有标准"接口"的家具结构与制造体系。这个制造体系以标准化零部件为基本单元，可以组装成采用圆榫胶接的固定式家具，或采用各类现代五金件连接的拆装式家具。

"32mm系统"要求零部件上的孔间距为32mm的整数倍，即应使其"接口"都处在32mm方格网的交点上，至少应保证平面直角坐标中有一维方向满足此要求，以实现模数化并可用排钻一次打出，这样可提高效率并确保打眼精度。由于造型设计的需要或零部件交叉关系的限制，在某一方向上难以使孔间距实现32mm整数倍时，允许从实际出发进行非标准设计。因为多排钻的某一排钻头间距是固定在32mm上的，而排钻之间的距离是可无级调整的。

对于这种部件加接口的家具结构形式，国际上出现了一些相关专用名词，表明了相关的概念，如KD（Knock Down）家具，来源于欧美超市货架上可拼装的散件物品；RTA（Ready to Assemble）家具，即准备好去组装，也可称作备组装或待装家具；DIY（Do it Yourself），即由客户自己来做，称作自装配家具。这些名词术语反映了现代板式家具的一个共同特征，那就是基于"32mm系统"的以零部件为产品的可拆装家具。

（2）为什么要以32mm为模数

❶ 能一次钻出多个安装孔的加工工具，是靠齿轮啮合传动的排钻设备，齿轮间合理的轴间距不应小于30mm，如果小于这个距离，那么齿轮装置的寿命将受到明显影响。

❷ 欧洲人习惯使用英制为尺寸量度，对英制的尺度非常熟悉。若选1in（= 25.4mm）作为轴间距，则显然与齿间距要求产生矛盾，而下一个习惯使用的英制尺度是$1\frac{1}{4}$in（25.4mm+ 6.35mm = 31.75mm），取整数即为32mm。

❸ 与30mm相比较，32mm是一个可作完全整数倍分的数值，即它可以不断被2整除（32为2的5次方）。这样的数值，具有很强的灵活性和适应性。

❹ 值得强调的是，以32mm作为孔间距模数并不表示家具外形尺寸是32mm的倍数。因此，这与我国建筑行业推行的30cm模数并不矛盾。

（3）"32mm系统"的标准与模范

"32mm系统"以旁板为核心。旁板是家具中最主要的骨架部件，板式家具尤其是柜类家具中几乎所有零部件都要与旁板发生关系。如顶（面）板要连接左右旁板，底板安装在旁板上，搁板要搁在旁板上，背板插或钉在旁板后侧。门铰的一边要与旁板相连，抽屉的导轨要装在旁板上等。因此，"32mm系统"中最重要的钻孔设计与加工也都集中在旁板上，旁板上的加工位置确定以后，其他部件的相对位置也就基本确定了。

旁板前后两侧各设有一根钻孔轴线，轴线按32mm的间隙等分，每个等分点都可以用来预钻安装孔。预钻孔可分为结构孔与系统孔，结构孔主要用于连接水平结构板；系统孔用于铰链底座、抽屉滑道、搁板等的安装。由于安装孔一次钻出供多种用途，所以必须首先对它们进行标准化、系统化与通用化处理。国际上对"32mm系统"有如下基本规范：

❶ 所有旁板上的预钻孔（包括结构孔与系统孔）都应处在间距为32mm的方格坐标网点上。一般情况下，结构孔设在水平坐标上，系统孔设在垂直坐标上。

❷ 通用系统孔的轴线分别设在旁板的前后两侧，一般资料介绍以前侧轴线（最前边系统孔中心线）为基准轴线，但实际情况是由于背板的装配关系，将后侧的轴线作为基准更合理，而前侧所用的杯型门铰是三维可调的。若采用盖门，则前侧轴线到旁板前边的距离应为37mm或28mm，若采用嵌门，则应为37mm或28mm加上门厚。前后侧轴线之间及其他辅助线之间均应保持32mm整数倍的距离。

❸ 通用系统孔的标准孔径一般规定为5mm，孔深规定为13mm。

❹ 当系统孔用作结构孔时，其孔径按结构配件的要求而定，一般常用的孔径为5mm、8mm、10mm、15mm、25mm等。

有了以上这些规定，设备、刀具、五金件及家具的生产、供应商都有了一个共同对照的接口标准，孔加工与家具装配也就变得十分简便、灵活了，如图5-3所示。

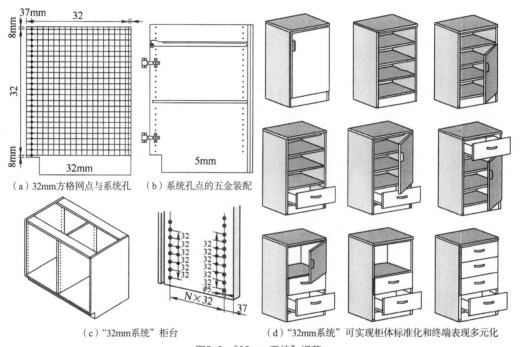

（a）32mm方格网点与系统孔　　（b）系统孔点的五金装配

（c）"32mm系统"柜台　　　　（d）"32mm系统"可实现柜体标准化和终端表现多元化

图5-3　"32mm系统"规范

5.2.3 "32mm系统"家具设计示例

在讨论了"32mm系统"家具的概念、理论与规范后，将以一个橱柜实例对这一系统家具的设计步骤与结构细节的处理进行示范，以便提供一条可操作的设计途径。在这一示例中，将同时考虑标准化问题，旨在以最少的零件数量满足各种功能需求，从而在设计阶段就为生产系统的高质高效操作奠定基础。

必须强调的是，对"32mm系统"来讲，生产前应对每个零件做准确、细致的设计。

（1）产品外观

拟做结构设计示范的产品外形如图5-4所示。高、宽、深三维功能尺寸约为760mm（H）×400mm（D），精确尺寸可按"32mm系统"要求进行微调。图5-4还显示了标准柜体可以根据需要，在不拆开柜体的情况下任意装卸门、抽屉或作开架使用。

（2）结构分解

标准柜可以分成柜体、底架（脚架）及后加面板三大部分，柜体由左右旁板、顶底板及背板五个部件构成；底架可分成前后望板、左右侧望板和两根拉档六个零件；面板为一整板。这

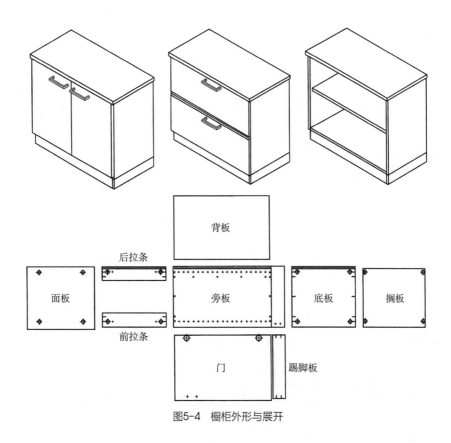

图5-4　橱柜外形与展开

里将面板与脚架分离出柜体，其目的在于当使用中需多个柜子并排放置时，可以换上宽度为柜宽整数倍的面板与脚架，以获得整体效果，增加客户在视觉上的选择方向。门、搁板、抽屉可作为选用标准构件。

设所用材料均为已饰面人造板，面板厚25mm，旁板、顶底板厚度均为18mm，脚架高80mm。

（3）**柜体设计**

根据32mm系统家具以旁板为核心的准则，首先需要确定旁板尺寸，并以此来修整柜子的功能尺寸。

旁板高度（长度）＝柜高－脚架高－面板厚度＝760－80－25＝655（mm）。若所用偏心连接件要求旁板上第一个系统孔及最后一个孔离上、下边缘的距离均为7mm，而第一个孔与最后一个孔间距应为32mm的整数倍，则旁板长度应满足下式：

$$32n + 7 \times 2 = 655（mm）$$

此时，应将655mm修整为654mm，才能得到整数n（$n = 20$），这样可将柜高修整为759mm或不变但脚架高改为81mm。

同时，盖门结构要求前后系统孔离边缘距离为37mm，按柜深400mm功能要求，可将旁板宽度尺寸修整为：

$$32 \times 10 + 37 \times 2 = 394（mm）$$

旁板零件图见图5-5，这一设计可使左右旁板互相通用，即图中左旁板倒过来就可成为右旁板，无须作任何变化。搁板、门、抽屉滑道均可装于系统孔及水平预钻孔中，无须再钻孔。

以旁板为依据，并考虑柜宽应为800mm，则底板的设计如图5-6所示。顶板可与底板通用。背板用三夹板制作，规格为774mm×632mm×3mm，嵌槽安装（图5-7）。这样，柜体简化为三种标准部件，即旁板（2块）、顶底板（2块）、背板（1块）。从省料考虑，顶板也可用前后拉条（档）来代替（图5-8），拉档边缘（尺寸37mm）的一边与旁板外边齐平。32mm的边缘距离可在打眼时两块同时加工，提高生产效率。

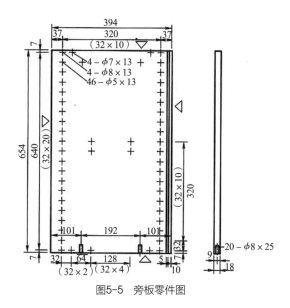

图5-5 旁板零件图

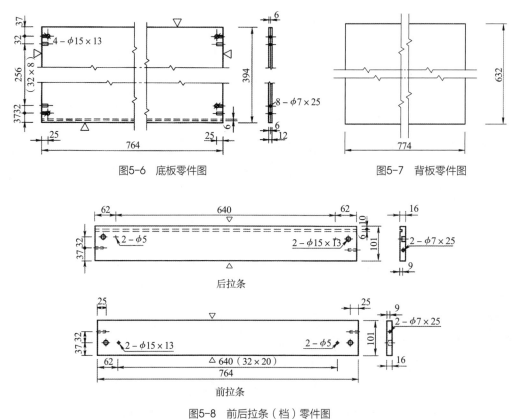

图5-6 底板零件图

图5-7 背板零件图

图5-8 前后拉条（档）零件图

（4）脚架设计

脚架（图5-9）装有调高脚，可对柜体进行水平调校，并可以对柜高进行微调。侧望板上的垂直孔可以在安放柜体时用圆榫或金属销进行定位。脚架长度可按800mm的倍数设计成系列，供家具排放时选用，即单柜用800mm的底架，双柜用1600mm的底架，三柜用2400mm的底

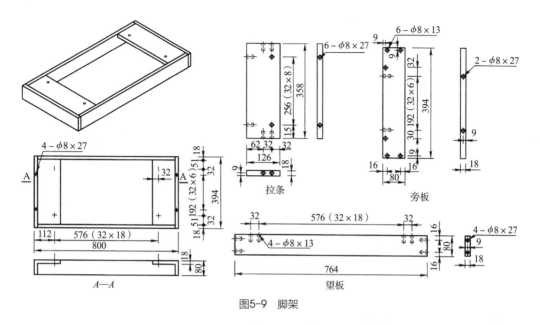

图5-9 脚架

架。一般常见的柜子还可不设脚架，而是将旁板直接落地，配前望板即可。这种做法可省去几根条状构件，但缺点是左右旁板不能通用，而且当多个柜子平行放置时缺乏整体感。

（5）面板

面板（图5-10）上的4个$\phi 5 \times 13$小孔可用螺钉同柜体连接，钻有预钻孔的设计可以使安装快捷，减少对熟练木工的依赖，并能保证安装精度。面板也可按800mm、1600mm、2400mm设计成系列，线型、颜色均可任意挑选。

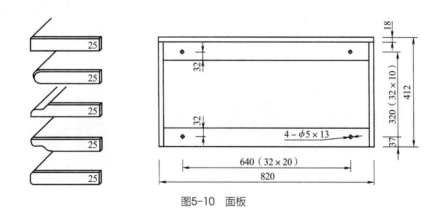

图5-10 面板

（6）搁板

搁板（图5-11），可在旁板系统孔中装上搁板销后搁置到柜中，并可上下调节。搁板长度比顶底板小1mm，取搁轻便，若小得过多，则容易产生晃动。

（7）门

门（图5-12），由于拉手及可能存在的装饰纹理方向的关系，左右不能通用，但其前期制作则可以通用。

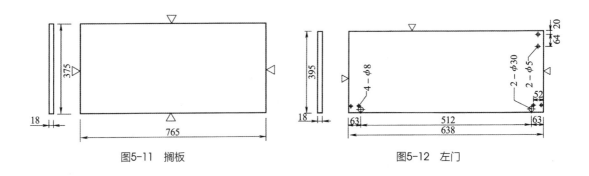

图5-11 搁板   图5-12 左门

（8）抽屉

抽屉（图5-13）采用托底式滑道，抽屉与抽面的尺寸设计能使抽屉装入柜体时保证精密配合，无须另调。抽屉内框也可改用钢抽，抽面不变。

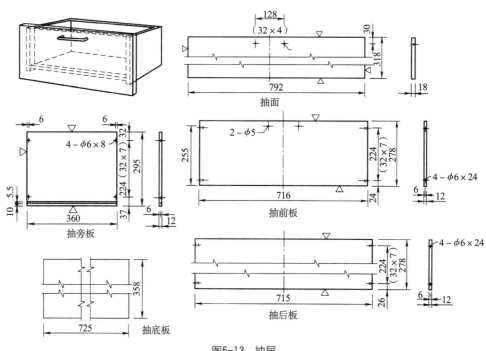

图5-13 抽屉

在上述标准化橱柜基础上，还可进行高度系列设计，此时水平构件依然通用。若再适当增加高度方向的构件系列，则可以形成功能强大的橱柜系统。不但可以将设计人员从繁重的重复设计中解救出来，同时也可以在满足客户千变万化要求的同时始终有节奏地均衡生产，为解决小批量、多品种的市场需求与现代工业化生产高质高效之间的矛盾提供设计与技术支持，这就是"32mm系统"的精髓与魅力所在。若对门、抽面等构件进行造型变化，则还可以生产出各种风格的橱柜，而内部结构依然可以不变，充分体现了该系统的灵活性。

5.3 Wood CAD/CAM软件设计

5.3.1 Wood CAD/CAM软件介绍

Wood CAD/CAM（WCC）系统设计功能如图5-14所示，是一款集合板式家具设计与生产工艺的实用型软件。通过柔性化参数设置来定义家具产品的造型、结构及工艺规则，自动为生产提供包括工件清单、五金清单、工艺图纸、加工程序、包装清单等各类电子文档，并为成本核算提供必要的依据。

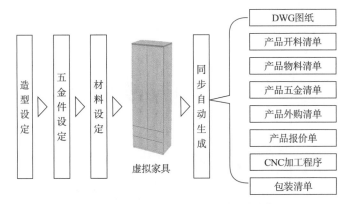

图5-14　Wood CAD/CAM系统设计功能

Wood CAD/CAM软件是由德国著名家具设计软件公司imos AG研发的一款专业用于板式家具的设计制造软件，其最大的设计特点是通过参数化设置加鼠标点击即可自动生成三维产品部件和五金。

该软件不仅具有丰富的CAD模块，还带有功能强大的CAM模块。这两个模块的功能分别是由Wood CAD/CAM的两个子软件实现，即WCC 9.0和Organizer 3.0（此为目前主要讨论的版本，随着软件更新升级，版本会有不同，下文若无特殊说明，则均指WCC 9.0）。它能够与板式家具行业广泛使用的板件优化软件CutRite、开料软件CADmatic对接，能够自动生成相应报表，并且可以生成供豪迈集团旗下所有数控设备加工使用的NC程序。而且由于该软件是在AutoCAD的基础上进行的二次开发，因此，AutoCAD中的快捷命令在软件中也能使用，更便于原先使用AutoCAD的设计师学习和掌握。

5.3.2 Wood CAD/CAM软件工作原理

Wood CAD/CAM（WCC）是一种基于AutoCAD二次开发的专业计算机辅助设计和制造（CAD/CAM）软件，并且基于SQL Server数据库储存所有与生产相关的产品数据信息及设备信息。其主要用于木工行业，包括家具制造、橱柜制造、木工切割等。该软件能够将设计、生产和管理整合在一起，提高效率，降低错误率，提升产出质量。

Wood CAD/CAM软件是基于计算机辅助设计和制造（CAD/CAM）的技术。首先，设计人员在软件中创建或导入3D模型。这个模型可以是家具的某个部件，也可以是整个家具。然后，这个模型会被转化为机械设备可以理解的指令，这个过程称为CAM。最后，这些指令会被传输到CNC机床（计算机数控机床），由机床根据这些指令去切割木材，形成设计的最终产品，如图5-15所示。

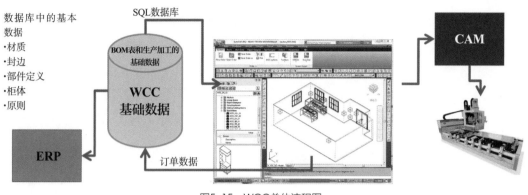

图5-15　WCC总体流程图

5.3.3　Wood CAD/CAM软件的特征

（1）设计功能

Wood CAD/CAM提供强大的设计工具，可以创建复杂的3D模型。包括但不限于批量和定制家具的设计，如橱柜、衣柜、书架等。

（2）制造指令生成

基于CAD设计的模型，Wood CAD/CAM可以生成用于木工机床（如CNC机床）的制造指令，这些指令会告诉机床如何切割和成形木材以制造出设计的产品。

（3）材料优化

Wood CAD/CAM还能优化材料使用，减少浪费。例如，它可以通过优化切割路径和排版，最大限度地利用每一片木材。

（4）设备兼容性

Wood CAD/CAM通常与大多数主流CNC机床兼容，直接输出机床可以理解的代码。

（5）整体流程管理

从设计到制造，Wood CAD/CAM可以实现整个流程的管理，减少错误，提高生产效率。

（6）模拟和验证

在生产开始前，Wood CAD/CAM可以进行切割和加工的模拟，检查是否存在问题，防止生产过程中的错误。

总的来说，Wood CAD/CAM软件结合了计算机辅助设计和计算机辅助制造的优点，提供了一整套解决方案，使得木工行业的设计和生产过程更加精确和高效。

5.3.4　Wood CAD/CAM软件的优势

相比传统的板式家具设计软件，Wood CAD/CAM软件具有如图5-16所示优势。

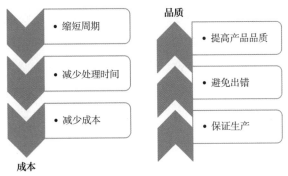

图5-16　Wood CAD/CAM软件的优势

（1）完全参数化

造型设计、产品尺寸、工艺结构、材料都可通过参数化方式进行参数化柔性定义，用户可根据需要自行添加或调整，通过变量方式进行系统性修改。

（2）产品建模简单快捷

自带常规模型库，新产品开发时只需调用、修改参数和命名另存，便可得到新的产品模型；也可根据构想快速设计新模型。这些模型可不断累积并被反复调用。

（3）强大的五金配件功能

自带著名厂商上千种五金配件，比如海蒂诗，特别是与德国的五金厂商之间的紧密合作，这些五金件都能及时更新，同时，客户也可以根据需要自行添加新的五金件模型。

（4）完善的产品信息库

该功能将每个产品所需地信息方便地输入到信息库中，比如柜子外观信息、尺寸信息、工艺规律、材料信息和五金件连接方式等。

（5）自动生成各种生产图表

自动生成的生产图表包括部件尺寸和孔位图、封边指示图、加工程序、纹理方向图等。

（6）强大的协同工作能力

所有数据都存储在数据库中，通过平台来存储和调用，实现数据共享和各个部门协同工作，保证了数据的安全性和稳定性。该软件提供各种可选的豪迈自动化设备端口处理器套餐，可自动编译打孔、开槽、镂型、铣削、封边等程序，无缝对接加工中心；同时，可控制多台设备实现同步，分段协作式生产。

（7）强大的拆单功能

生成各种料单、裁切清单、封边清单、五金清单等。订单配置、项目管理，可以自由创建项目、分配订单，做到订单汇总，可批量生产，提供标签信息。

5.4 基于Wood CAD/CAM的板式家具数字化设计与实践

5.4.1 WCC衣柜数据库结构图

从表5-1可以看出，WCC数据库包括定义设计原理、柜体创建原则、连接、元素、基础数据资料五个基础大项，每个大项又细分为数个小项。这些包含了构建WCC软件衣柜数据库的基本内容。衣柜数据库的创建过程，简单来讲就是衣柜柜体的搭建过程。在衣柜数据库的创建过程中，我们需要对衣柜的各个部件进行单独创建，再各自组合成为一个完整的板件和连接件，然后组合成为一个完整的单元柜，通过线性分割，将柜体分割成不同造型的完整柜体。

表5-1　WCC衣柜数据库结构图

WCC 对象	定义设计原理		
	柜体创建原则	单个部件	工作台面
			顶线
			底板
		连接部件	
		拉手和锁件	
		开槽	
	连接	连接件	
		连接件装置	
		连接件套装	
	元素	定义部件	
		可延展外购部件	
	基础数据资料	材料	
		表面材料	
		边型材料	
		定义颜色原则	
		轮廓	外部轮廓
			轮廓几何
			内框架
			边型几何图形
			截面几何
		设计参数	
		工作组	
		生产信息	

5.4.2 基础数据资料的创建

5.4.2.1 材料

材料是指板式家具中常用的柜体材料，目前市场上常用的材料有生态板、刨花板、实木颗粒板、多层实木板、纤维板等，其中定制家居的板材以实木颗粒板居多。下面以全度常用的18mm厚度实木颗粒板为例，介绍材料的创建方法。材料元素属性主要包括材质尺寸、定义&部件清单信息、计算、加工信息和颜色，如图5-17所示。

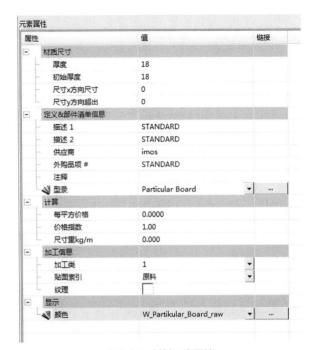

图5-17　材料元素属性

"材质尺寸"中的"厚度"为板材的厚度，"初始厚度"为购买的板材的原始厚度。因为全度购买的板材本身就是经过贴面的成品板，所以这里的两个厚度数值是一样的。"x方向和y方向的尺寸超出"指毛料开出成品尺寸所需要的修边量，一般情况下这个数值设置为0。

"定义&部件清单信息"中"描述1"所填写的内容为板材的名称，这个名称是显示在开料清单上面的名称，必须填写清楚。"计算"是用来计算材料的成本和产品重量的，一般这边是不需要填写的。

"加工信息"中需要注意的是"纹理"选项，如果板材本身是有纹理的，这个地方就需要勾选。如果纹理这里在设置的时候出现错误，就会影响在电子开料锯上的优化结果，并且会导致最终产品纹理方向错误。这是因为在柜体组装过程中，横向板件和竖向板件对纹理有不同的要求。一般情况下，顶板、底板、活动层板和固定层板的纹理方向与柜体的长度方向是一致的，而门板和侧板的纹理方向和柜体高度方向是一致的。所以，没有纹理的板件在优化开料时可以在长、宽方向任意放置，而有纹理的板件在优化开料时需要注意纹理方向。

"定义&部件清单信息""计算"以及"显示"在其他数据库中的创建方法是一样的，此处不再赘述。

5.4.2.2 边型材料

板式家具边部处理在其生产和销售过程中起到极其重要的作用，直接影响板式家具的外观和品质。

下面以全度常规1.0mm厚度的封边条为例，介绍边型材料的创建方法。边型材料的元素属性包括"边型资料""定义&部件清单信息""计算""加工信息"和"显示",如图5-18所示。

"边型资料"中的"几何",可以通过点击后面的链接选项选取不同轮廓的几何图形,这个主要是为了模拟实际封边时的精修倒角,在实际生产中没有任何意义,这里可以选择不设置。"高度"为封边带的高度,为适合板材的高度。"初始高度"为购买时封边带的初始高度,一般如果板件的厚度为18mm,在板件进行封边时,会对封边带的高度方向上进行预铣和倒角,所以,一般情况下封边带的初始高度会比板件的厚度多至少两个封边带的厚度。如果封边带厚度是1mm,板件厚度是18mm,那么封边带高度至少要在20mm以上,一般情况下会选择21mm高度的封边带。如果是25mm厚的板子,封边带的高度就应选择28mm。"厚度"与"初始厚度"为封边带厚度,选择厚度为1.0mm和1.5mm的封边带。"边型长度偏移"指的是边型长度的延伸值,和封边带高度方向上一样,在长度方向上也需要进行预铣和倒角。这里会预留稍微长一点,两边各预留3mm长的封边条进行预铣和倒角。"芯材额外偏移"指的是封边的预铣量,设置为0.5mm。

这里需要注意的是如果想创建相同厚度、不同高度的封边带,只需要在"厚度"选项中点击右键,选取"应用于所有高度"就可以了。在建立其他高度封边带时,只需要修改初始高度,封边带的厚度会自动选取所设置的厚度。"定义&部件清单信息""计算"以及"显示"在之前材料的创建过程中已介绍。

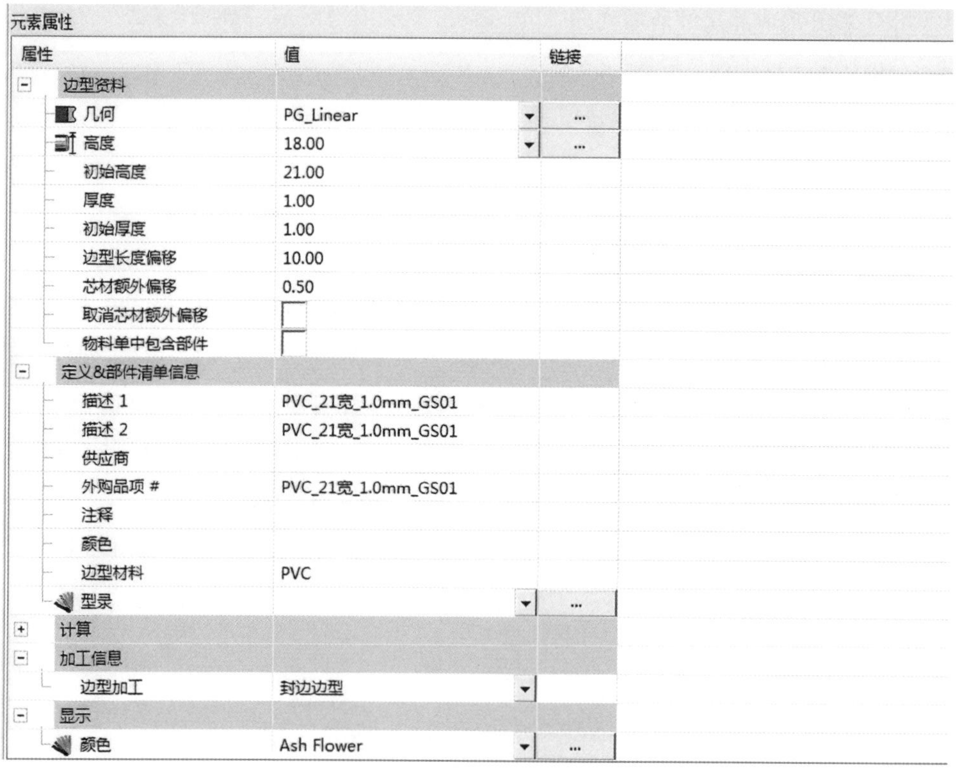

元素属性			
属性	值		链接
− 边型资料			
几何	PG_Linear	▼	...
高度	18.00	▼	...
初始高度	21.00		
厚度	1.00		
初始厚度	1.00		
边型长度偏移	10.00		
芯材额外偏移	0.50		
取消芯材额外偏移	☐		
物料单中包含部件	☐		
− 定义&部件清单信息			
描述 1	PVC_21宽_1.0mm_GS01		
描述 2	PVC_21宽_1.0mm_GS01		
供应商			
外购品项 #	PVC_21宽_1.0mm_GS01		
注释			
颜色			
边型材料	PVC		
型录		▼	...
+ 计算			
− 加工信息			
边型加工	封边边型	▼	
− 显示			
颜色	Ash Flower	▼	...

图5-18　边型材料元素属性

5.4.2.3 定义颜色原则

在前面材料和边型材料的创建过程中，元素属性中都有一个显示的属性，这个属性里面的内容都是在定义颜色原则中创建的。这个颜色只是起到视觉效果的作用，供预览时显示用。WCC系统自带1000多种材质图片，如果WCC系统自带的图片没有我们所需要的，可以自行添加，如图5-19所示。

在创建新的颜色时，需要将所需要的颜色以.JPG的格式保存在电脑上，并把这个图片文件保存在指定文件夹中，文件夹的位置为C:\ProgramData\HOMAG eSolution GmbH\Library\IVIS。保存完成

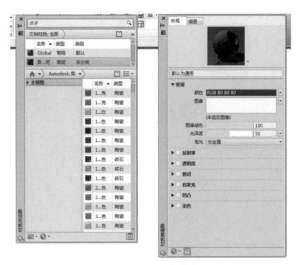

图5-19　材质管理器界面

后，进入CAD界面，创建一个新的CAD模板，输入MAT，调出材质管理器。在文档中创建新材质，修改为我们需要的名称。选取已保存的图片，创建新的材质后，保存CAD模板，保存到指定文件夹：C:\ProgramData\HOMAG eSolution GmbH\Library\IVIS\MatDWG。保存后，则可以在数据库中调取我们所需要的颜色。

5.4.3 连接件的创建

在板式家具中，通常将连接件分成两大类：结构连接件和功能连接件。结构连接件主要为了能够保证板式家具各个结构之间连接牢靠。常见的结构连接件有三合一和木榫。功能连接件是为了能够实现板式家具各个部件的不同功能，如三节滑轨、门铰链和拉手等。

在创建连接件数据库之前，我们需要了解连接件的构成部分。这里以三合一+木榫为例，如图5-20所示。

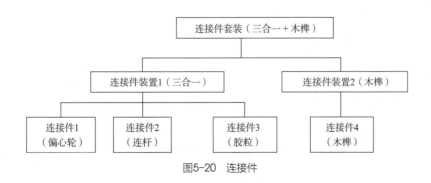

图5-20　连接件

从图5-21可以看出，创建一个新的连接件，需要从下往上按"连接件"→"连接件装置"→"连接件套装"顺序依次创建。由于连接件种类繁多，这里只介绍最常用的三款连接件的创建方法，分别是三合一、门铰链和门把手。这三种连接件的创建方式基本涵盖了连接件创建的所有内容。

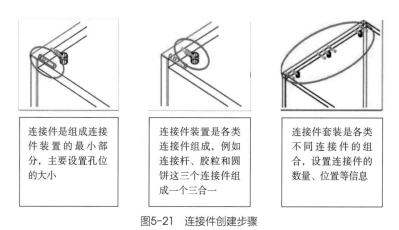

| 连接件是组成连接件装置的最小部分，主要设置孔位的大小 | 连接件装置是各类连接件组成，例如连接杆、胶粒和圆饼这三个连接件组成一个三合一 | 连接件套装是各类不同连接件的组合，设置连接件的数量、位置等信息 |

图5-21　连接件创建步骤

5.4.3.1　三合一连接件的创建

三合一连接件由偏心轮、连杆和胶粒三部分组成，如图5-22所示。其与板件的连接方式如图5-23所示。

三合一连接件的连杆不直接与板件接合，而是连接到预埋在板件中的胶粒上。所以连杆的抗拔力主要取决于预埋胶粒与板件的接合强度，这样板件与三合一连接件的拆装次数就不会受到限制。

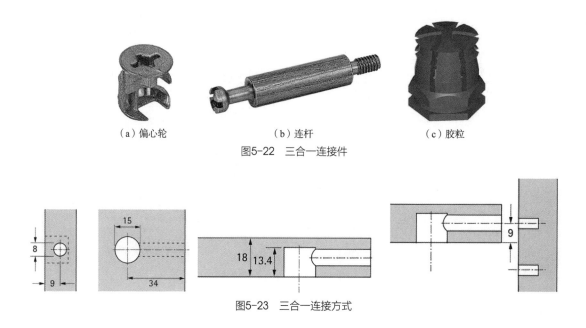

（a）偏心轮　　　　　（b）连杆　　　　　（c）胶粒

图5-22　三合一连接件

图5-23　三合一连接方式

在三合一连接件的创建过程中，需要先创建三个子连接件，这三个子连接件的创建元素属性如图5-24所示。从图中可以看出，三合一子连接件的元素属性包括"显示""定义&部件清单信息""计算""生产信息""特点"和"工作组"。其中，需要特别注意的是"特点"和"工作组"里面的信息。"特点"中的"连接件类型"和"添加"是可以选择的，不同连接件的特点是不同的。WCC软件中对于每种类型的连接件都配有相应模板，需要创建哪种连接件，只需要找到相应的模板就可以。对于"特点"中的选项内容，不需要自行修改，只需要知道其代表的含义就可以。

图5-24　三合一连接件元素属性

（1）偏心轮的创建

对于三合一子连接件偏心轮来说，其属性特点是"销子调整"。其意义是连接杆的中心距偏心轮朝向板子下沿的距离，一般为板厚的一半，如果板厚是18mm，这里的销子调整就为9mm。

在整个WCC软件中，"工作组"只有一个特殊含义，就是打孔。不管是孔位，还是孔的大小和深度，都是在"工作组"中设置。这里需要注意的是部件编号的意义，部件编号有两个，一个是部件0和部件1，其结构特点如图5-25所示。部件0和部件1的确定根据板件的排放确定，简单来说就是被盖的板件为部件1，盖着的板件为部件0，如果是顶板盖侧板结构，那么顶板就是部件0，侧板就是部件1。点击"工作组"右侧的链接，可以选中需要的打孔参数。

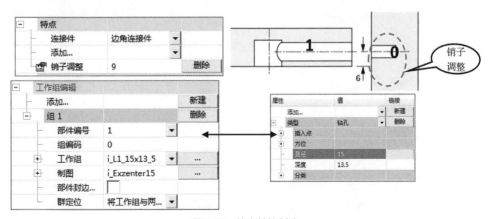

图5-25　偏心轮的创建

（2）连杆与胶粒的创建

连杆的属性特点是"偏移"，其意义是偏心轮距离连接板件的边距，而且连杆的孔位是打在部件1上。而胶粒的创建不需要选中"特点"，其工作组的孔位是打在部件1上。连杆与胶粒的创建如图5-26所示。

子连接件创建完成后，就可以在连接件装置中添加创建好的子连接件。在连接件装置中选中一个需要的模板，将其中的子连接件修改成自己的子连接件，如图5-27所示。

在连接件套装的创建过程中，其元素属性如图5-28所示。

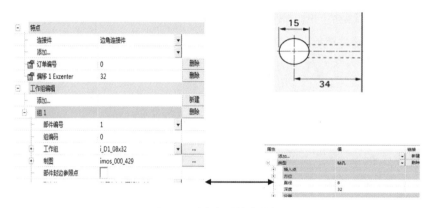

图5-26　连杆与胶粒的创建

图5-27　连接件装置元素属性　　　　图5-28　连接件套装的创建

在修改连接方式后有一个打钩的选项，如果打钩，系统会根据柜体结构自动选择合适的连接件装置；如果不打钩，则可以自行选择所需要的连接件装置。

线性分割，简单来讲就是把线段的长度按照设定的比例进行分割，这里的分割是用来确定所调用连接件类型的连接件装置排布规则，控制其在板件上的位置和数量。在后面的章节会详细讲解线性分割的具体编写方法。

5.4.3.2　门铰链的创建

铰链主要运用在门板上，常规的铰链根据门板的结构情况分为三种：全盖铰链（也称直臂铰链）、半盖铰链（也称中弯铰链）、不盖铰链（也称大弯铰链或内藏铰链），如图5-29所示。分别适合于全盖门、半盖门和内嵌门，如图5-29所示。

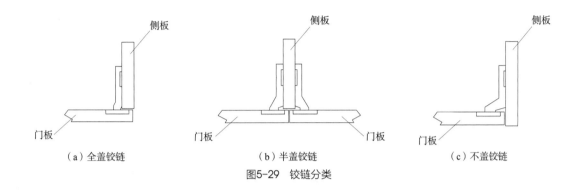

（a）全盖铰链　　　　　（b）半盖铰链　　　　　（c）不盖铰链

图5-29　铰链分类

铰链主要由脚杯和脚座两部分组成，铰链的创建和三合一连接件的创建方式一样。这里需要注意的是如何确定脚杯与脚座工作组的打孔位置，即在连接件套装线性分割，以确定脚杯和脚座在门板高度上面的打孔位置。但是脚杯和脚座的孔是打在面板上，如何确定面板上的孔位，需要在脚杯和脚座子连接件的"工作组"中设定，只需要在相应坐标系插入点输入打孔中心点距边的距离就可以，如图5-30和图5-31所示。

图5-30　脚杯工作组　　　　　　　　　　图5-31　脚座工作组

5.4.3.3　拉手的创建

拉手的创建与三合一的创建方式相比，最大的区别在于拉手是创建在面板上，这需要两个线性分割来实现，其元素属性如图5-32所示。

以门板拉手为例，X轴线性分割表示门板的高度方向，Y轴线性分割表示门板的宽度方向，

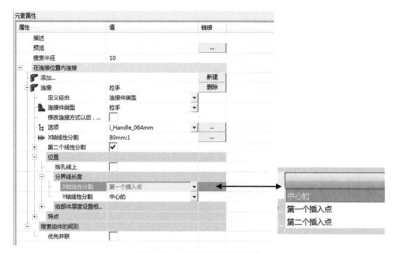

图5-32　拉手创建元素属性

在其后面的下拉箭头，有三个选项，分别是"中心的""第一个插入点""第二个插入点"。其中，"中心的"表示以拉手的中心点为参照点定位拉手的位置，"第一个插入点"表示以拉手底部的孔位为参照点定位拉手的位置，"第二个插入点"表示以拉手顶部的孔位参照点定位拉手的位置。选择拉手的参照后，分别在拉手*X*轴、*Y*轴指定的线性分割定位拉手的位置。其中，旋转角度表示拉手的安装角度（0表示纵向安装，90表示横向安装）。其他创建方式和三合一连接件的创建方式相同。

5.4.4　单个部件的创建

单个部件是指家具中最直接的组成部分，比如通常说的顶板、底板等都是单个部件。在WCC软件中，单个部件分为10种类型：顶板、底板、侧板、固定隔板、活动隔板、背板、竖隔板、门板、折叠门+移门、补板。

从如图5-33所示数据关系可以看出，单个部件是由定义部件、创建结构和连接件套装三大类组成。定义部件包括部件类型、芯材、面材、边以及加工；创建结构指的是柜体的组成结构，如顶板包侧板结构、层板退缩量、打孔方式等；连接件套装指的是所使用的连接件，如三合一连接件、门铰链、拉手等。定义部件与连接件套装的创建方式在前文已经介绍，这里可以直接创建我们所需要的单个部件，其元素属性如图5-34所示。

对于不同的单个部件来说，其元素属性或多或少会有所差异，但总体来讲，图5-34已经基本包含了所有单个部件的元素属性。不同的是在侧板的创建过程中，会多出一个排孔线元素，在门板的创建过程中，会多出一个拉手元素。从图5-34可以看出，单个部件的元素属性包括定义、创建、连接件、前面、后面、生产信息这几个基本属性。

在"定义"元素中，我们可以选择需要的定义部件。而对于顶板、底板以及固定隔板来讲，这里多出来一个"创建为"选项，可以选择所要创建的板件形式，如搁板式或拉条式，如图5-35所示。

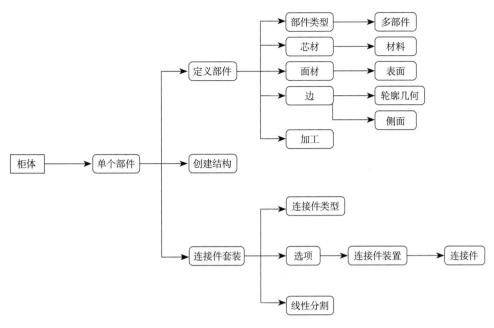

图5-33 WCC数据关系

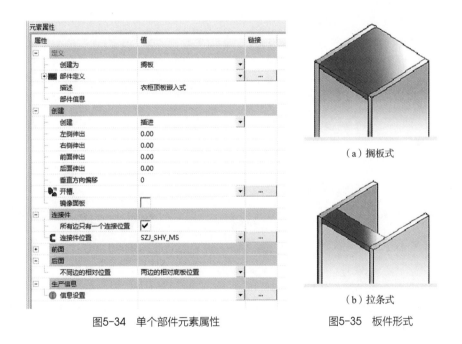

图5-34 单个部件元素属性 图5-35 板件形式

"创建"元素中,可以选择板件的安装方式,主要有三种形式:开始、插进、斜接,如图5-36所示。其中,左、右、前、后侧伸出是相对于侧板为参考前后伸缩,正值为向外伸出,负值为向里内缩,而垂直方向偏移是相对于侧板为参考上下伸缩,正值为向上伸出,负值为向下偏移。

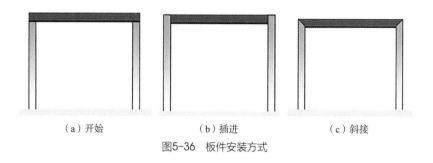

（a）开始　　　　　　　　（b）插进　　　　　　　　（c）斜接

图5-36　板件安装方式

对于板式家具衣柜来讲，常用的安装方式是插进。因为正常情况下，从侧面观察柜体时，侧板是整个包住顶板的，在视觉上看不到顶板，更显美观。而对于开始这种顶包侧的安装方式，一般是用在书桌、床头柜等高度较低的柜体。而斜接方式在定制衣柜中很少出现。

"连接件"中，可以选择之前创建的连接件，其中有需要打钩的地方。如果打钩，那么这个板件两侧的连接件是对称相同的；如果未打钩，那么对于板件两侧的连接件需要各自选择添加。

生产信息，单击右侧的链接，则弹出如图5-37所示界面。需要注意，物料单中的部件、切割清单中的部件、生成NC程序这三个需要打钩的部分。其中，如果勾选"物料单中的部件"，那么这块板件就会出现在我们的物料清单中；如果勾选"切割清单中的部件"，在导出的CNC的切割清单中也会出现这块板；如果勾选"生成NC程序"后，这个部件所需要打孔的文件就会自动生成，否则就不会自动生成加工程序；如果板件是外购的，不需要自己生产加工的，则需要在"外购部件"选项中打钩。

图5-37　生产信息元素属性

5.4.5　订单分解

基础数据库创建完成后，我们就可以对客户的订单进行拆单分解。根据设计部下达的CAD图纸，对客户的产品利用WCC软件进行拆单分解，打开物体设计界面，弹出如图5-38所示订单分解界面。

在右上角确定我们所要设计柜体的尺寸，在左上角物品设计组中我们可以选择各个板件的类型。其中，在竖隔板/抽屉界面，可以通过第一个线性分割来确定柜体内部的空间分布，抽屉也是在此选择。柜体设计完成之后，需要对其进行分解。下面以一个柜体为例，对其进行拆单，如图5-39所示。

设计柜体后，首先需要对柜体的孔位进行简单查看，然后对所有板件的厚度进行查看。如果所有孔位和板件都是我们所需要的，则对柜体进行输出文档管理，进入如图5-40所示界面。

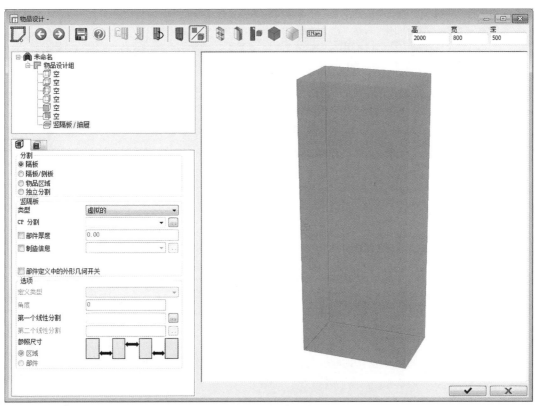

图5-38　订单分解界面

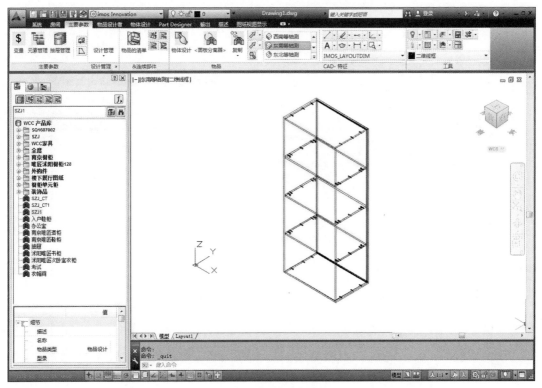

图5-39　柜体拆单示意图

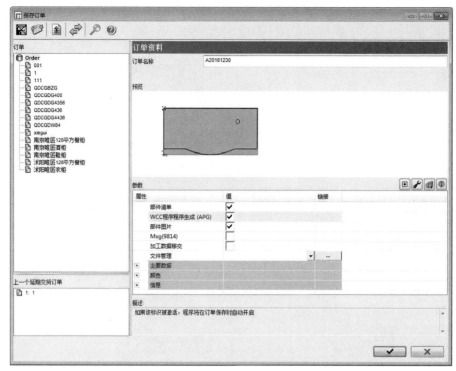

图5-40　柜体操作示意图

　　这里需要注意的是订单名称最好使用字母加数字的形式，如果使用中文，会出现扫描枪无法扫描的情况。设置后点击"确定"，弹出如图5-41所示界面，然后单击"开始"进行分解，开始生成所有的MPR加工文件。

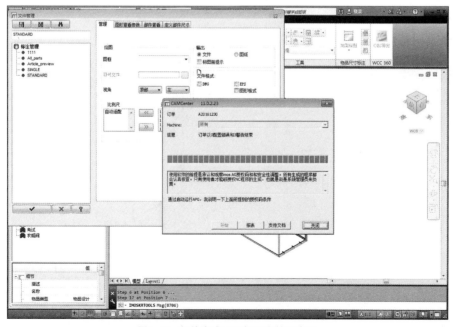

图5-41　柜体生成MPR加工文件示意图

生成所有MPR文件之后，我们需要对这些板件的打孔信息再一次进行审核。审核时，只需要审核侧板，就可以知道所有的打孔信息是否正确。如果打孔信息不正确，我们需要在订单设计界面对板件进行修改，修改完成后需要对这个订单重新进行分解，覆盖原来的MPR文件。当订单确认无误后，就可以将这个MPR格式的文件导入生产机器系统，机器会自动识别其所需要的加工文件。加工时，只要用扫描枪扫描板件上的条形码，机器就会自动调取板件加工信息，对其进行加工生产。

✎ 作业与思考题

1. 什么是板式家具产品数字化设计技术？它有哪些优势和应用场景？
2. 板式家具产品数字化设计的基本流程是什么？如何进行数字化建模和装配设计？
3. Wood CAD/CAM软件的工作原理是什么？

第 6 章

实木家具产品数字化设计技术

🎯 **本章重点**

1. 实木家具产品数字化设计原理及常用软件。
2. TopSolid软件的基础操作。

6.1 实木家具产品数字化设计技术概述

实木家具产品数字化设计技术指的是针对实木产品结构，利用计算机编码等现代技术，使产品的三维模型不仅可以表达外观结构信息，还附带工艺数据，并能够将这些数据传递给生产端，向生产端提供数字化指令信息，无须人工看图，实现从设计到生产的自动化。

6.1.1 实木家具产品数字化设计技术的特征

实木家具包括全实木家具、实木家具、实木贴面家具三类。在家具市场上，一般认为实木用材占到70%及以上的家具就可以称为实木家具。

实木家具在设计上远超板式家具，设计风格包括仿古、新古典、田园风格等。设计风格的多元化使得实木家具款式具有多样性，注重造型和功能、比例和尺度，回归自然，突出家具的风格个性。材质上讲究材料的选用和搭配，体现自然之美，胡桃木、橡木、黄杨木、桦木等木材的使用充分体现了家具的品质和风格。实木家具多为框架结构，注重整体性，主要采用榫卯连接、螺钉结合、连接件接合，并且在接合部位采用胶黏剂。从产品本身出发，木材特性、结构连接、产品种类、工艺要求均比板式家具都更为复杂，产品的设计数据源的不同模块、零部件的工艺要求、生产中考虑的木材利用率等受到可变因素影响较多，在有些雕刻部分还会依赖人工。实木家具部件结构的标准繁杂，给信息化标准结构的确定带来了很大挑战。

实木家具企业多数是多品种、大批量生产，产品组合变化多、型号规格复杂，在设计、工艺、生产、管理等环节，没有统一的规范体系，甚至在同一部门内部都存在产品格式不统一、部件名称不统一、工艺流程不完整等问题。实木家具零部件具有品种多、批量小、加工复杂、标准化程度低等特征，目前数字化加工程度不高。实木家具数字化生产过程具有以下特征：

（1）生产信息化落后

虽然当前企业生产在单项技术上的信息化已实现，但从图纸到各加工设备之间的传输多为人工处理，设计部门与生产部门的对接不及时，生产管理与监控也无法快速实现。

（2）实木零部件种类繁多

在相同系列单品中的部件造型有相似之处，而实际加工中这些部件在产品的通用性上较弱，并且不同材质的部件在装配过程中连接方式也经常不同，导致加工装配效率低下。

（3）实木材料特性各异

从原材料本身特性的差异开始，到开料、切削加工、装配方式的特殊性，使得实木产品零件加工无法如板式家具一样贯穿生产链。

6.1.2 实木家具产品数字化设计技术的发展现状与趋势

6.1.2.1 实木家具产品数字化设计技术的发展现状

企业要实现数字化制造，除了数字化平台的使用，也需要配合自动化设备使用。法国Missler Software公司开发的TopSolid软件比较适合实木家具产品的开发设计。TopSolid Wood是建立在三维模型之上的平台软件，基于参数化的三维软件，将设计和制造信息都定义到三维数字化模型中，并作为唯一的数据源，可以快速实现产品的设计、工艺、生产等一系列数据的需要。提高了效率、准确性和系统性，但是企业在使用这些平台时，需要梳理自身的产品体系和零部件模块。通过整理、分类和简化，对材料、结构、工艺、五金件等产品构成要素进行标准化、系统化，再将其输入设计软件的数据库里，这样其他部门可以直接在设计模型基础上进行工艺设计和其他工作。产品数据的准确性可以得到有效的保证，进而实现实木家具产品数字化设计与制造，完成产品从设计到对接设备和生产线的数据传输，极大地缩短了工艺准备周期。

实木家具产品数字化标准化平台中的各子系统功能实现主要依托对大量数据的整理、分析，然后相关人员依托这些数据进行产品的二次开发。在进行产品开发设计时，数据的准确性不能保证，目前产品开发设计仍以CAD画图、3ds Max或Rhino渲染效果图模式为主，产品数据以CAD文件为主要存储和传递方式，在完成CAD图纸后，还需人工制作工艺流程表和物料清单。在这些过程中，不同工作人员对零部件的命名不统一，当产品有改动时，所有文件都要进行修改，很容易造成疏漏，从而导致生产出错。总的来说，如今实木家具数字化设计仍存在以下问题。

（1）在产品设计初期缺乏标准化的理念

传统的实木家具造型丰富，结构复杂，风格多样，大多在前期设计阶段缺乏建立标准化模块的理念。由于设计阶段的丰富造型和复杂结构，家具零部件的数量多，加工工艺较为复杂，很多步骤还需要人工参与，生产效率低下。而且榫卯结构外形相似，但尺寸差异很大，装配顺序不同，也造成装配过程的复杂和易错。如果在设计阶段没有标准化的理念，实木家具的大规模生产无疑会大大增加企业的成本，无法形成健康持续的生命线。

（2）缺乏统一的技术规范及相应的人才队伍建设

实木家具行业处于发展的重要阶段，行业前景广阔，市场巨大。但实木家具行业中不同品牌的产品用材用料、五金配件和产品质量良莠不齐，缺乏统一的技术规范。对于一个行业来说，技术规范的缺失，是其不能健康稳定发展的主要原因。

实木家具既要实现风格和功能的多样化，也要平衡结构件标准化造成的产品同质化。如何更好地将家具与空间结合，如何体现实木家具的自然美感，都需要专业设计人才从中寻求平衡点，实现企业利益最大化和用户体验最优化。

（3）产品数据库搭建不完善

由于实木家具零部件数量多，结构较为复杂，而很多实木家具企业为小批量定制，自动化程度也相对较低，难以形成产品标准化模块的数据库，这是实木家具行业的定制升级和可持续发展的主要问题。同时，由于前期设计没有标准化概念，企业与工厂的已有图纸单独存放、不成系统，结构图纸不够完善，修改过程复杂，环节多、效率低。

（4）结构设计的标准化程度低

在实木家具制造过程中，仍需要大量的人工操作步骤。因为缺少标准化结构，无法对实木机械加工部分和人工加工部分实现无缝对接。一些必须人工完成的技法和特殊构件无法实现机械加工，也无法满足大规模生产。在家具设计过程中，要最大程度满足消费者对于家具的空间尺度以及风格、装饰等多样化要求。按照需求修改家具尺度对许多现有产品来说必不可少，但是还没有建立良好的结构、部件或尺寸参数，从而阻碍了实木家具的数字化设计，也会对生产、运输、装配等产生影响。

6.1.2.2 实木家具产品数字化设计技术的发展趋势

实木家具设计多样化，表现力丰富，但木材浪费严重、成本高，且生产机械化、自动化程度低。实木家具企业在生产流程上还未形成标准化的体系，如果要促进实木家具数字化设计的发展，规范的技术标准很重要。实木家具产品数字化设计的发展趋势主要有以下几个方向。

（1）引进成组技术，对实木零部件进行标准化、系列化设计

标准化设计是指在产品设计开发阶段制定相关的标准，统一要素，采用共性条件，开展适用范围比较广泛的设计，加速产品设计开发速度。通过产品的标准化组合，提高产品零部件通用性、标准化的程度，使产品的设计开发获得较好的经济效益。产品系列化是标准化走向成熟的标志。系列化是使某一类产品系统的结构最优化、功能最佳的标准化形式。系列化通常指产品系列化，它通过对同一类产品发展规律的分析研究，经过全面的技术经济比较，将产品的主要参数、型式、基本结构等作出合理的安排与计划，以协调同类产品和配套产品之间的关系。

目前一般实木家具企业有多个信息系统，但这些系统之间只是记录着各自的业务数据。要发挥这些数据的价值，前提是所有数据都必须得到同类别的定义和规范。将产品基础数据转换为信息化的数据，第一步就是规范化。规范化就是信息化制造资源的基本数据，制造过程中的相关数据包含：外观尺寸的级数化、产品结构的标准化、零件加工的标准化、工艺设计的标准化等。将零部件按照实木产品的系列进行尺寸整合，安排生产加工时，按照零件的相同和相似性，对零件成组化，进行混流生产，可以大大减少加工时间。如可以对不同家具产品的门芯板、门框进行尺寸归类，减少尺寸种类，确定标准件后，统一进行加工。不同产品使用相同标准零件，也利于生产流程中零件编码智能化，可扫描执行加工工艺。可对传统实木家具结构进行适应现代加工设备的新设计，例如对柜类柜门结构进行简化设计，使门芯板结构板式化，提高门芯板的标准化程度。

（2）搭建网络系统与引进智能生产系统，提高信息化、智能化水平

实木定制家具从原料端开始搭建网络系统，并搭配使用相应的可识别信息的工艺设备。已有学者针对实木定制家具设计端、生产端、安装端进行了信息化搭建的研究，同时，通过智能生产技术的引进，如智能优选锯切、无人化缺陷扫描、智能指接技术、高频拼板技术等，使实木生产高效化、规模化。

6.2 实木家具产品数字化设计原理、常用软件和流程

6.2.1 实木家具产品数字化设计原理

（1）模块化

模块化设计方法能够系统地将家具进行拆解划分。通过增强家具产品零部件的通用性提高生产效率，在残酷的市场环境中占得先机，以适应动态的市场需求。家具企业为了维持企业的长久续航还要加大模块化开发的力度，以满足市场动态多变的需求。

以满足用户个性化需求为基本前提，借助模块化设计能实现产品系统内部简单化，在实现降低成本的同时有效提高外部产品多样化。在数字化技术的影响下，家具的模块化设计产生一定的变化，划分的颗粒度也会根据家具企业的数字化深度不同而产生变化。但是无论数字化设计技术的应用深浅，家具设计都需要遵循模块化的设计原则，且模块化原则贯穿家具设计的全流程。

（2）系统化

系统化是指为满足使用的便利，对现有设计流程进行整理、分类并加工，使其集中起来作系统的排列。在数字化设计技术的影响下，家具设计逐渐从各个分散的环节串联成全面又集成的设计体系。从销售—设计—研发—财务—生产的各个环节，应用标准通用的BOM（Bill of Material）清单文件进行信息传递，以数字形式描述产品结构。

从设计到生产的全流程产生了设计BOM、工艺BOM、制造BOM、销售BOM、成本BOM。其中，设计BOM中包含产品外观、功能、款式的设计数据；工艺BOM中包含产品结构、部件、组件明细、部件工艺路线、工艺要求的生产数据；销售BOM中包含报价和销售选配的数据信息；成本BOM中包含物料需求、物料采购、成本核算等数据信息；制造BOM中包含排产计划、物料管理、生产管理的数据信息。在数字化设计技术的影响下，定制家具设计趋于系统化，涵盖全流程的信息，在创新开发的过程中，需要具备一定的全局观，能够全面考虑定制家具设计全流程中会涉及的数据信息。

（3）实时响应

互联网和数字化设计技术的发展对家具设计产生了重大影响。在数字化时代，实时沟通与个性化需求是定制家具数字化设计的显著特点。在家具设计过程中，能够快速捕捉、获取用户需求，在用户进行选择、设计定位相应产品和服务时，及时响应用户需求。家具企业根据用户需求变化，及时迭代家具产品体系，契合用户和市场动态需求。未来家具企业会深度应用数字化设计技术从识别客户需求到捕获个性化需求，并运用实时处理信息的能力，预判分析用户和

市场潜在需求，产生更具创新性的产品。因此，在数字化设计技术的影响下，家具产品体系呈现动态化，能够根据市场需求变化而调整，实现产品体系的更新迭代。

（4）数据化

在数字化设计技术的影响下，家具的设计、生产信息能够在整个生命周期进行传递，并能够作为数据沉淀，为家具产品库研发提供帮助。家具设计全生命周期覆盖面广，涉及人员众多，包括设计师、工艺师等，因此，需要从设计开始就制定统一标准和相关规范文件。数据信息被有效识别的前提是在各个运行软件中有统一通用的编码解析规则，方便数据信息在系统中的传递和读取。

6.2.2　实木家具产品数字化设计常用软件

6.2.2.1　TopSolid

TopSolid以三维数模（MBD）为数据源，集设计、工艺、仿真、制造、管理于一体，打造基于数字模型的协同工作平台，提高制造业整体运行效率。TopSolid是企业实现先进设计与制造模式的有力支撑技术平台，具有如下优势。

❶ 革新的CAD。TopSolid拥有十分友善的用户界面、完美集成的PDM系统、优化管理庞大的装配文件、强劲的建模和模拟工具、包含加工信息的智能系统组件。TopSolid采用国际通用标准的制图格式，并且兼容大多数CAD文件格式。

❷ 领先的CAD/CAM一体化软件。一体化软件可扩展整体CAD/CAM，操作简单，易于数控，拥有安全可靠的精确加工模拟、个性化加工包和后配置、可扩展的加工工具和切制条件，可以通过附加工具掌控加工公差，实现设计与加工一体化。

❸ 钣金行业的CAD/CAM解决方案。拥有专业的后机床后配置，采用车间文档、标签文档管理模式，解决方案数据集中化，自动管理、利用材料，可降低材料的浪费率，方案可兼顾众多手工作业的自动化软件。

❹ 针对模具的革新CAD。其用户界面直观简洁，专业分割模板木块，多产品排布设计，拥有完全集成的PDM，组件加工采用智能标准，有多个自定义工具，可展示草图细节，可与其他模块优化整合。

❺ 三维环境下完美的设计工具。可生成检索客户的3D数据，可快速计算材料利用、定义特殊形状需求，使用人性化的智能系统组件，运用工具可设计活动部件并保证公差，是运动模拟工具，最终可生成图纸、BOM表、打孔列表，可实现直接生成加工所有零部件。

6.2.2.2　SolidWorks

SolidWorks的参数化和特征造型技术，几乎能便捷地创建任何复杂形状的实体，可以满足绝大部分工程设计的需要；SolidWorks采用典型的Windows软件风格，在国外所有三维CAD软件中提供了最优的三维支持；SolidWorks拥有丰富的第三方支持软件，提供开放的数据结构和方便的二次开发环境，为企业后续广泛的工程应用提供了良好的基础平台；SolidWorks是一款中端CAD系统，企业使用SolidWorks可以花较少的投入满足设计的要求。因此，SolidWorks特别适合中小企业的产品设计。

SolidWorks集成系统由产品设计、设计交流和设计验证三个模块组成，其中，产品设计模块中的功能包括机械结构设计、曲面造型设计、钣金结构设计、模具设计、焊接钢结构设计、管路设计、参数化设计、Top-Down设计；设计交流中的功能包括工程图、动画运动仿真、专业工业渲染；设计验证中的功能包括应力分析和流体分析。

SolidWorks的可应用场景覆盖了消费产品、工业设备、商业服务、消费品包装、高科技、能源、汽车、生命科学、造船、航天等领域。

6.2.3 实木家具产品数字化设计流程

针对实木定制领域，基于TopSolid软件的设计生产一体化全流程解决方案如图6-1所示。引入店面端渲染效果更好、操作更加便捷的效果展示软件，适用于对渲染效果要求较高的实木定制行业，可实现"所见即所得"的VR全景渲染效果图及报价。TopSolid作为强大的数据源支撑，对接渲染软件进行数据还原，生成模型和图纸料单及加工程序。TopSolid通过MES系统对整个生产过程进行执行管理，解决从订单下达到入库交货的生产全过程，解决数据在设计、生产、设

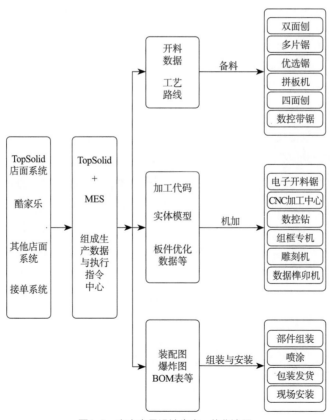

图6-1 实木家具设计生产一体化流程

备、人员之间流动时的管控以及精准度问题，提高生产的计划性，实现生产高效自动执行，最终实现数控化生产。

6.3 TopSolid软件设计基础

6.3.1 TopSolid软件特征

TopSolid是建立在三维化立体模型基础之上的软件平台，与传统平面化的二维软件完全不同，是一种高度精准标准化的柔性化软件，在数字化设计和制造方面具有明显优势。TopSolid软件不仅具有强大的参数设计功能、基于特征建模、全尺寸约束、全数据相关、尺寸驱动设计修改等特点，且相对自由开放，可以自定义参数驱动、参数名称以及预定义参数值，变量之间的变化规律和变化关系可以通过逻辑性的惯性表达式或Excel参数表建立参数关联，从而达到驱动参数模型的目的。同时，可以对前端设计及后续工作提供支持，如生成物料清单（Bill of Material，BOM）、工艺规划、CAM、三维工装家具、装箱规划、安装动画、三维立体组装文件及说明书、宣传推介资料等，提供售前与售后服务支持，甚至3D打印和AR/VR的实际应用。这些特点使贯穿于企业生产链的三维产品设计模型成为唯一的数据源头和关键。也就是说，任何一个环节对产品的要求和修改都可以映射到设计建模上。

由此可见，TopSolid不仅可提升产品开发与管理的效率、准确度、系统性，让加工变得准确、标准、高效。企业使用这个平台，更可以形成自己的产品体系，对各个产品部分进行合理管控梳理，迅速、明确地满足用户需求。

同时，TopSolid软件在实木定制领域有着很大的优势。TopSolid软件可提供集店面展示、产品设计和加工制造于一体的综合解决方案，在实木定制领域有其他行业软件难以企及的优势，前端门店设计、中端数据还原、后端生产全部都是统一数据。参数化驱动快速改变外形，直接输出图纸和BOM数据信息，且可对接各种加工设备接口。在设计模块完成产品设计后可直接进入加工端进行加工模拟，生成机加工程序，完成从产品设计到加工整个流程的仿真与模拟，直接以三维数据进行后续加工制造，实现设计与生产的一体化。TopSolid可实现一体化功能模块，如图6-2所示。

TopSolid在实木家具定制应用方面，无论是专业性还是一体化程度，或是软件的应用性，均具有以下优势：

❶ 二维数据转三维设计，增加产品数据的直观性与准确性。TopSolid可以直接读取.dwg格式的二维图纸，将样式、结构等同时读入。

❷ 三维参数化设计功能强大，快速实现变形设计。TopSolid Wood全三维参数化设计，可以快速、精确地进行模型参数控制，包括产品的复杂造型和所有尺寸，并可以无限制地创建参数方案（长度、面积、体积、质量等）。

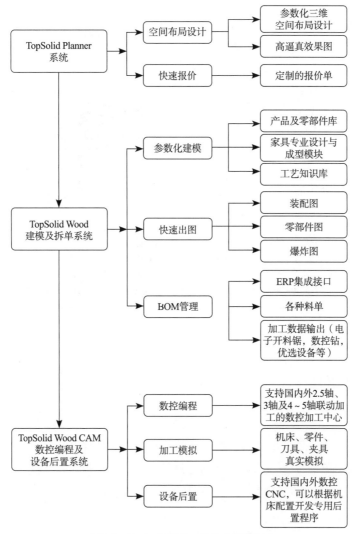

图6-2　TopSolid软件一体化功能模块图

❸ 专业的木工应用功能，使设计时间节省30%以上。TopSolid在设计模块的全部功能基础上，定做了木工专业工具，如仿形铣、榫钉、燕尾榫等多种标准部件，槽型结构、半边槽、锯、凸榫、多种类型钻孔，模块化装配层压板镶边、层压板、多层板等结构。

❹ 实现快速批量的工程出图和BOM清单，有效避免人为错误。TopSolid工程图具有快速批量出图和快速生成BOM功能，有效实现设计与生产数据的连接。

❺ 实现仿真与模拟加工。通过计算机虚拟制造核心技术，完成家具虚拟设计图形到当前产品板件的孔位、铣槽等加工信息的自动输出，实现家具零件图纸同步加工程序的生成。并通过无线网络或移动硬盘将相关的板件孔位加工信息传输到CNC（计算机数控，Computerized Numerical Control）终端，实现CAD/CAM（计算机辅助制造，Computer Aided Manufacturing）一体化应用。

6.3.2 建模步骤

拿到一个复杂零件时，首先需要将零件去除圆角、钻孔这些细节特征，再将其分成一些基本几何体，包括方块、圆柱、圆锥、球，或者拉伸体、回转体等，因为这些是TopSolid软件能够直接得到的几何外形（基本几何体）。

对于任意复杂零件的一般思路仍为前面提到的去除细节特征，再分解成基本几何体的方式。一般来说，细节特征主要包括圆角、倒角、钻孔，有时候挖槽、凸起、抽壳、裁剪也可以认为是细节特征。而基本几何体主要包括拉伸变形（注：曲面和实体统一称为外形）、旋转外形、管道外形，曲面功能直接得到的外形也可以认为是基本几何体，比如说是直纹面外形、扫略面外形等，所有的零件（任意复杂程度）都可以分解成基本几何体加上细节特征。

分解成基本几何体以后，就可以开始3D建模。如果分解出来有多个基本几何体外形时，需要选择一个作为最基本的几何体外形开始建模工作。一般来说，选择最复杂的一个基本外形入手（或者说是选拉伸轮廓最复杂或旋转轮廓最复杂的，这样可以保证后续基本几何体上的特征和操作最少）。如果复杂程度都差不多，一般选择体积最大的一个开始。

6.3.3 基础工具使用

6.3.3.1 基本操作

（1）鼠标的用法

通过滚动鼠标滚轮，能够完成画面的缩放操作；按住滚轮/Shift键拖动或者单击左键拖动，能够进行画面的移动；按住Ctrl键，单击鼠标左键拖动能够实现画面的旋转。若想旋转后恢复俯视图，单击视图即可，如图6-3所示。俯视图适合绘制平面图形，透视图适合绘制立体图形，用

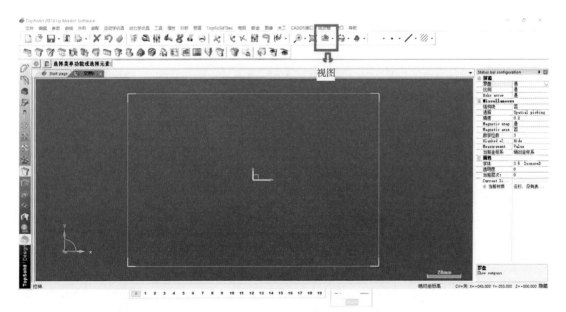

图6-3　鼠标视图缩放示意图

户可以根据需求转换为前视、左视、俯视。

（2）删除操作

选中垃圾桶图标后，单击要删除的图形。需要注意的是当前坐标系是无法删除的，开始时的默认坐标系也无法进行删除操作。

（3）隐藏对象

选择"模式/元素显示"，框选内容，即可完成选中对象的隐藏。

（4）取消编辑

单击"抽取元素"命令，再选择要更改的部分。

（5）退出命令

在使用某命令操作时，右击或按Esc键均可退出命令。

（6）工作栏的数值输入

第一个空格的数值可以直接输入，回车自动转跳到第一空，除了第一空其他空都需要另外单击后再输入相应数值。

6.3.3.2 界面介绍

如图6-4所示为TopSolid的整体界面，顶部第一栏为系统命令条，在第二栏可以完成文档的打开、关闭、保存、打印、导出等操作。编辑命令中可以对零部件整体进行编辑、复制、粘贴等操作。

第三栏为一些操作命令，与左侧图标相对应，左侧图标含义如图6-5所示，可以方便快速完成形状的创建等。

绘制面板中心坐标系默认为绝对坐标系。左下角的罗盘指向可以表明绝对坐标系的*X*、*Y*、

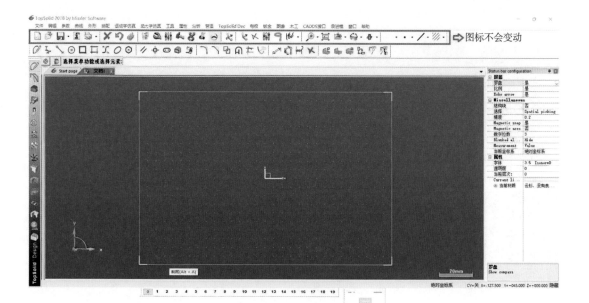

图6-4 TopSolid操作界面

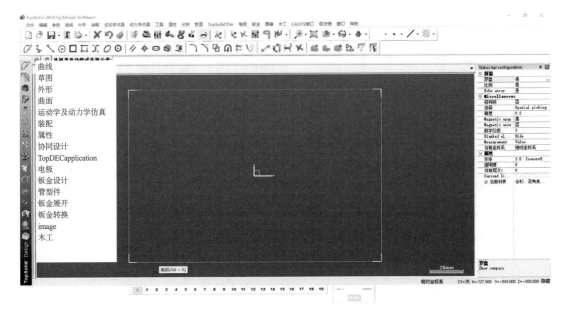

图6-5　左侧命令栏功能

Z轴的指向。若想修改坐标系，可单击第二栏的扳手，再单击坐标，对坐标属性进行修改，如图6-6所示。同样，也可以创建新的坐标系，并将其设置为当前，作为新的绝对坐标系。罗盘的指向也会随着绝对坐标系的改变发生变化，与新的绝对坐标系一致。

第二栏的最右边即可控制线条的颜色、控制点样式、线型、剖面图标记，在最下面右侧为控制线条的快捷键，如图6-7所示。快捷键中线条的数量以及线性颜色都可以自行改变。

快捷改变线条的办法：先选中要更改的快捷键，通过改变第二栏右侧线条的设置，更改为需要的线条样式。再返回快捷键，先右击一次，再左击一次，即可更改线条样式。

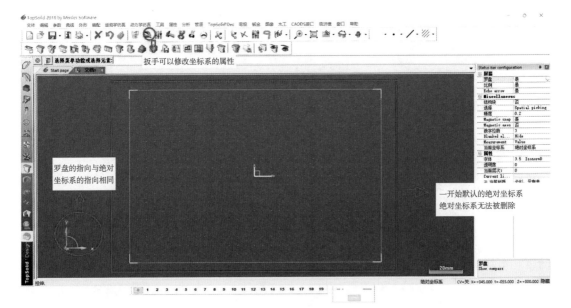

图6-6　绝对坐标系

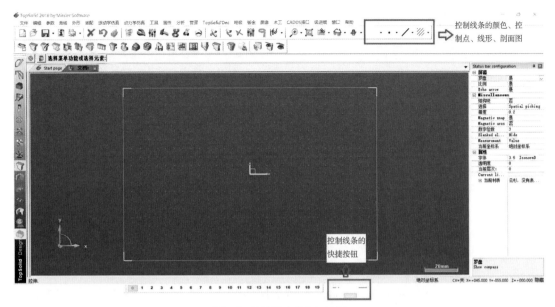

图6-7 快速建立线条与控制

图层就像是含有文字或图形等元素的胶片，一张张按顺序叠放在一起，组合起来形成页面的最终效果，如图6-8所示。将整个页面划分给各个图层，更加有利于对单个元素的修改。

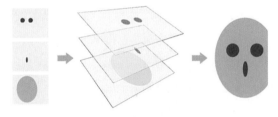

图6-8 多个图层效果

左侧和下方任务栏都可以表示图层，下方任务栏可以显示所有图层，如图6-9所示。通过控制下方的图层栏来控制图层的显示。下方图层栏数字代表图层的编号，显示出来的图层为红色，没有显示出来的图层为黑色。单击黑色的图层数，数字颜色由黑变红，则可以显示该图层。再单击一次，颜色再次变成黑色，不显示该图层。

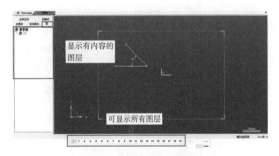

图6-9 图层显示和隐藏

如果想要将内容放置在不同图层，那么在下侧的图层栏，右击想要放置到的图层编号，会跳出如图6-10所示对话框，再点击想要放置的内容。选中全部内容后，点击"确定"，便可以转换到对应图层。

图6-10 层次更改选项框

6.3.4 基础命令

TopSolid操作的总体原则为命令先行，通俗来讲就是先选择要执行的命令，再选择执行该命令的对象。

6.3.4.1 曲线创建命令

曲线工作栏常用命令如图6-11所示，部分命令将于下文进行介绍。

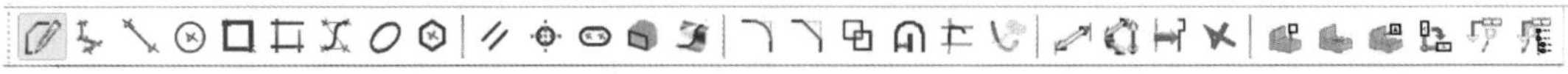

图6-11 曲线工作栏

6.3.4.2 绘制轮廓

先大概表示出形状，利用"尺寸标注"标注出所画草图的尺寸，再利用扳手对具体数值进行修改。单击"轮廓"命令后即可进行绘制，绘制完成后右击鼠标结束命令。

如图6-12所示为绘制轮廓实例演示1（尺寸大小）。

第一步：绘制出相似的图形，不需考虑尺寸。

第二步：利用"尺寸标注"标注出所画图形尺寸。

第三步：先选中扳手，再单击修改尺寸，输入正确值，回车确定。

如图6-13所示为绘制轮廓实例演示2（角度大小）。

第一步，随意绘制一个角。

第二步，选中"尺寸标注"，再单击角的两条边，即可得到两个边之间的角度大小。

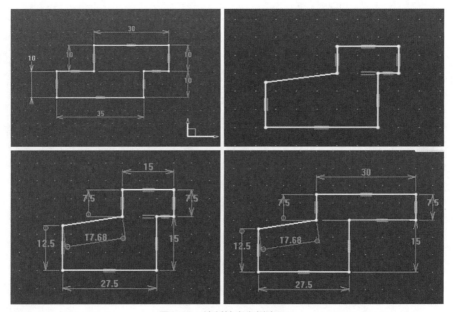

图6-12 绘制轮廓实例演示1

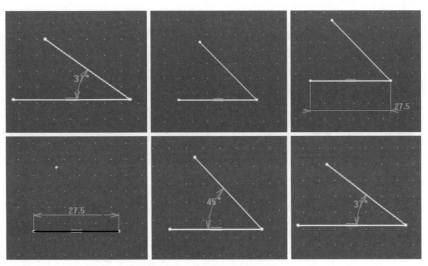

图6-13 绘制轮廓实例演示2

第三步，选中扳手，单击当前角度大小，输入目标角度，回车确认。

下面介绍根据参考线描轮廓的方法，其总体思想为单击所要描的起始点，顺着参考线移动鼠标，适时单击左键，保存已描轮廓。如图6-14所示为根据参考线描轮廓的示例。在描轮廓时，要注意左击时机，如图6-15所示。

轮廓的描摹不仅可以完全按照参考线条描摹，还可以将参考线条包裹在描摹范围内，如图6-16所示，方法同上。若想修改连接线条，可通过"修改元素"以及"拖动"进行修改。选中"修改元素"后，单击要修改的线条，如图6-17所示。

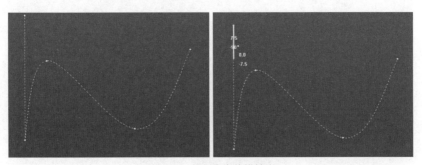

图6-14 根据参考线描轮廓

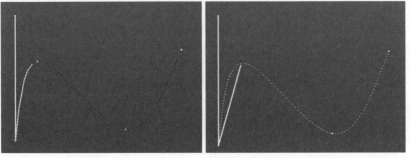

（a）正确左击时机　　　　　　　　　　　　　（b）错误左击时机

图6-15 左击时机演示

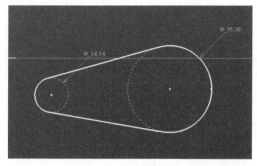

图6-16　轮廓描摹

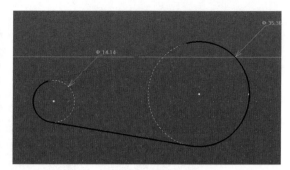

图6-17　线条选择

在工作框中单击圆，输入圆弧半径，连接线即可变为相应半径的圆弧，如图6-18所示。

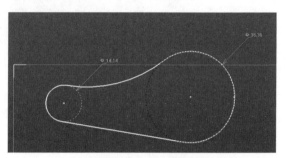

图6-18　"圆弧"操作效果

若想修改弯曲的方向，不要退出命令，再次单击圆弧，并在工作框中单击反向即可，弯曲后的效果如图6-19所示。

"拖动"还可以修改两个圆的距离关系，选中拖动图标，单击要移动的对象即可。

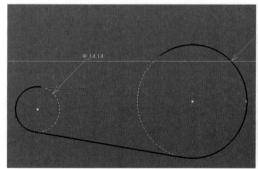

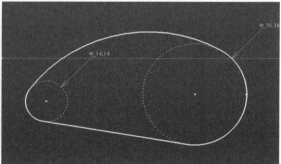

图6-19　更改圆弧方向

6.3.4.3　基准线

基准线是以当前坐标系为参考绘制的。选中后单击的点则为基准线通过的点。若没有指定位置，基准线默认过原点。可通过工作栏中的"更改为垂直/更改为水平"修改基准线的方向。同样，可以输入角度，改变基准线与X轴正方向的夹角。想要以其他坐标系为参考建立基准线，需要将该坐标设置为当前坐标。

单击系统工作栏工具选项，选中第一项"坐标系"，单击要设置为当前的坐标系，在工作栏中单击"设为当前"，即可将所选坐标系设置为当前坐标系，如图6-20所示。

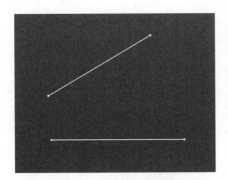

图6-20　坐标系工作栏

先任意画出两条基准线，利用"尺寸标注"，标注出当前距离，不退出命令，直接输入理想距离，回车确定即可画出特定距离的两条基准线。

6.3.4.4　直线命令

直线命令的大部分都可以被轮廓命令取代，且使用轮廓命令更加方便。但是直线命令中的对角线和极轴线是两个无法被取代的命令。直线工作栏如图6-21所示。

图6-21　直线工作栏

对角线，相当于两条直线的角平分线。选中"对角线"命令后，单击任意不重合的线，即可生成这两条线所组成角的角平分线，如图6-22和图6-23所示。

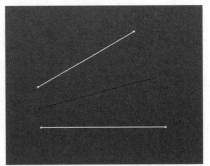

| 图6-22　两条不重合的线 | 图6-23　对角线命令生成的角平分线 |

极轴线，为数值确定，取任意点为原点，过该原点并与*X*轴正反向呈一定角度的线。选中"极轴线"命令，输入该线与*X*轴正方向所呈角度，再输入线段的长度，选择一个点，该点则为原点，如图6-24所示。

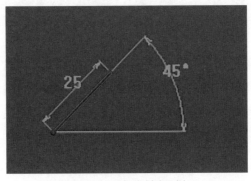

图6-24　极轴线创建示例

6.3.4.5 矩形命令

矩形的创建主要分为直接输入值创建矩形、对角创建矩形和三点创建矩形。

（1）直接输入值创建矩形

根据工作栏的提示第一个输入值为X轴的大小，第二个输入值Y轴方向大小，回车确定即可创建矩形。工作栏中出现的X方向位置和Y轴方向位置表示控制矩形移动的控制点所在位置，如图6-25所示。

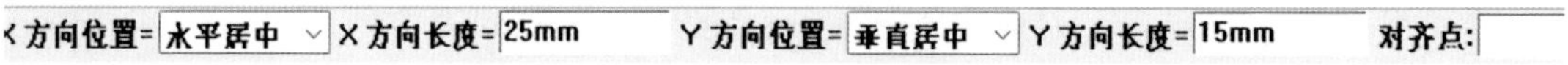

| X方向位置= | 水平居中 ∨ | X方向长度= | 25mm | Y方向位置= | 垂直居中 ∨ | Y方向长度= | 15mm | 对齐点: |

图6-25　矩形工作栏

（2）对角创建矩形

通过控制对角线的两点来控制矩形的大小，可以利用尺寸标注对矩形的大小进行修改。若要修改标注尺寸，应该遵循图形创建的底层逻辑。

若是直接选中要修改的边长，标注为黄色表示无法修改尺寸大小。应当选中决定矩形大小的两个相对的顶点，再向要修改的那一边拖动，最后的标注为绿色，可以修改尺寸大小，如图6-26所示。

（3）三点创建矩形

前两个点控制矩形的一条边，第三个点控制相垂直的一边的长度。由于前两个点的位置可以任意设置，则矩形的位置同样可以随意变化，如图6-27所示。

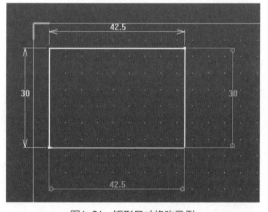

图6-26　矩形尺寸修改示例

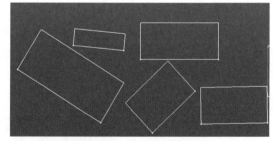

图6-27　三点创建矩形示例

6.3.4.6 圆

圆的大小由直径或半径确定。圆位置的确定方式有两个，分别为中心点和通过点创建圆。

（1）中心点

所单击的点即为圆的圆心。

（2）通过点

单击圆所通过的点来确定圆的位置。若圆的直径已输入，选择两个通过点即可。若圆的直径没有输入，需要选择三个通过点来绘制圆，通常利用三个通过点来对两个线段进行圆弧连接，完成两个直线之间相切圆的绘制。

6.3.4.7 样条曲线

样条曲线的绘制通常通过改变类型、模式来满足绘制需求，如图6-28所示。

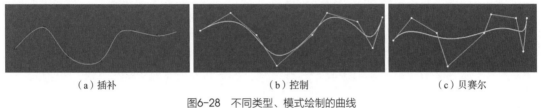

|（a）插补|（b）控制|（c）贝赛尔|

图6-28　不同类型、模式绘制的曲线

命令不停止即可无限选择点，模式有封闭曲线和开放曲线，如图6-29所示。封闭曲线会自动闭合所画曲线。

模式= 开放曲线　模式= 封闭曲线

图6-29　曲线模式控制

6.3.4.8 轴

既可有显示单个图形的轴，也可有显示两个元素之间的轴。若要显示单个元素的轴，单击元素即可；若要显示两个元素之间的轴，选中"两个元素间的轴"，再单击想要有两个轴的元素即可，如图6-30所示。

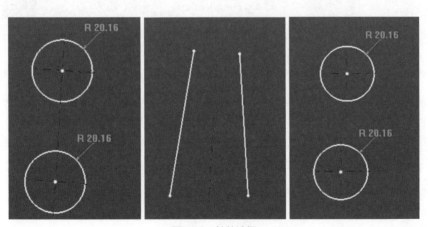

图6-30　轴的选择

若只想要两个元素之间的对称轴，模式选择"一根轴"即可；想要对称轴以及元素本身的轴，模式选择"所有轴"，如图6-31所示。

图6-31　控制轴的选择

6.3.4.9　等距曲线

等距曲线指在平面上与一条既定曲线上各点的法向距离处处相等的曲线。可以对曲线、几何图形、线段取等距曲线。模式分为"一边"和"两边"。

（1）一边

在鼠标所在的方向绘制一条等距曲线。此时输入的距离为等距曲线与原曲线的距离。

（2）两边

"两边"是以所选中的曲线为中心，在两边创建等距曲线。此时输入距离为两条等距曲线之间的距离。

6.3.4.10　加厚曲线

"加厚曲线"命令位于任务栏中。单击任务栏中的曲线，展开后选中"加厚曲线"，如图6-32所示。

图6-32　"加厚曲线"命令

"加厚曲线"命令与第三栏的"加厚"命令不同。在使用"加厚"命令时要先设置好工作栏中的数值，再单击要加厚的直线或曲线（即参考曲线）厚度，决定加厚后新建的两个曲线的距离，对称表明加厚后的两条曲线到之前参考曲线的距离相等，若选择非对称，"厚度"输入值为上方新增曲线到参考曲线的距离，"第二个厚度"输入值为下方的新增曲线到参考曲线的距离，如图6-33和图6-34所示。

"端部类型"决定加厚后曲线端点的形状，不同类型的操作结果如图6-35所示。

图6-33　加厚曲线工作栏

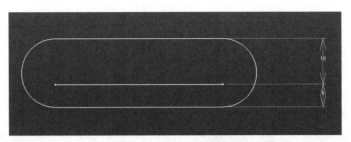

图6-34 "加厚"命令示例

（a）直线　　　　　　　　　　（b）外圆　　　　　　　　　　（c）内圆

图6-35 不同端部类型操作效果图

6.3.4.11 标准曲线

标准曲线是已经创建出的带有尺寸的标准曲线，可以提高绘图效率。单击标准曲线图标，会弹出如图6-36所示对话框。通过改变标准选项，可以选择要用的曲线模板。

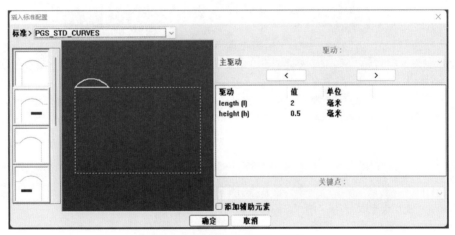

图6-36 "曲线标准配置"对话框

6.3.4.12 包容曲线

单击任务栏中的曲线，展开后选择包容曲线。包容曲线便是把所选的全部内容包裹在一起的曲线。选中包容曲线后框选要包含在内的图形，即可生成包容曲线。包容曲线可以分为包容矩形和包容圆，如图6-37所示。页边距决定包容曲线与所包容图形的距离。包容曲线生成后便无法修改，需要在工作栏中确定选项与数值后再框选要包容的图形，最后生成包容曲线。

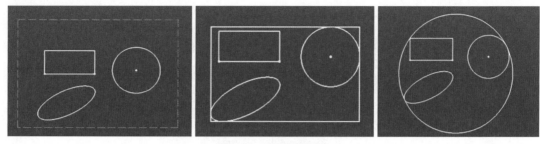

图6-37　包容曲线示例

6.3.4.13　规则多边形

定点数决定了所绘制的多边形有几个顶点，内部直径/外部直径决定了参考的圆，图6-38中左侧圆为内部直径，右侧圆为外部直径。选好工作栏后，单击点即为多边形的中心点，如图6-39右图所示。

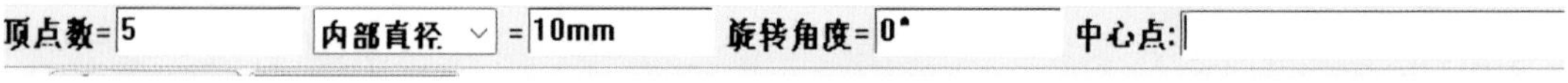

顶点数=5　**内部直径** ∨ **=**10mm　**旋转角度=**0°　**中心点:**

图6-38　多边形工作栏

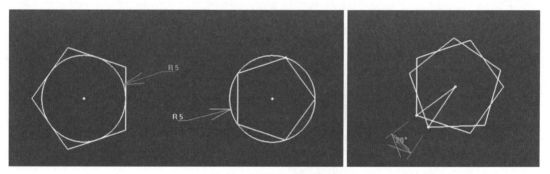

图6-39　多边形生成效果示例

6.3.4.14　椭圆

椭圆的绘制方式主要分为"两个焦点"和"中心点"。

（1）"两个焦点"

单击任意两个点作为椭圆的焦点，再沿着垂直于焦距的方向拖动鼠标，点击后的距离则为椭圆短半轴的距离，创建一个完整的椭圆。

（2）"中心点"

单击任一点作为椭圆的中心点，再单击一点作为椭圆的顶点，两点间的距离为椭圆的长半轴的距离。确定长轴后，鼠标沿着垂直于长轴的方向移动，控制短轴的长度，确定后即可创建一个完整的椭圆。

若是已知长半轴、短半轴，选中"中心点"，单击一点作为中心点，输入长半轴数值回车确定后，再输入短半轴数值后回车确定即可。

6.3.5 曲线编辑命令

6.3.5.1 裁剪

裁剪命令常用于相交曲线之间，工作栏中分为两块，为"分开""自动"，也可以不选择直接绘制。

（1）分开

单击要被分割的曲线，再单击来分割这条线的曲线或点。分割的结果会将一条曲线断开为两条，只消失一个点，如图6-40所示。

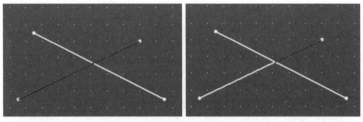

图6-40 "分开"效果示例

（2）自动

单击要保留的部分，曲线自动被相交曲线剪裁，并且只保留所单击的那部分曲线，如图6-41所示。

图6-41 "自动"裁剪示例

（3）不选择直接绘制

直接选择要保留部分，然后拖动鼠标选择要裁剪后剩余部分，根据鼠标拖动的方向，曲线可以裁剪也可以延伸；也可以直接选择裁剪曲线，将曲线裁剪。命令仍未结束，再选择另外一条曲线，直线直接延伸到该曲线，如图6-42所示。

若相交曲线有多个交点，同理，选中要保留部分，再单击两个相交点，即可裁剪曲线。单击一个相交点，只在该点断开。

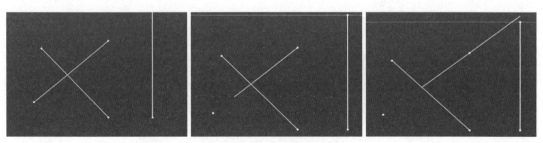

图6-42 不选择直接绘制效果

6.3.5.2 延伸

延伸命令位于任务栏曲线命令中。延伸的类型分为曲率和切矢，如图6-43所示。

图6-43　延伸命令栏

（1）曲率

曲线延伸出来的线段仍为曲线，单击要延伸的曲线，类型为"曲率"，输入长度，回车，顺着原来曲线的曲率切向延伸，如图6-44所示。

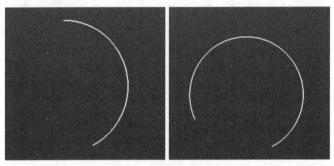

图6-44　曲率延伸效果

（2）切矢

曲线延伸出来的线为与末端曲线相切的直线，如图6-45所示。

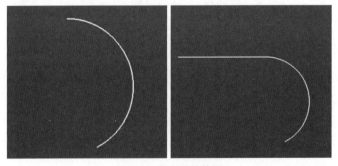

图6-45　切矢延伸效果

6.3.5.3 切除

单击要保留的部分，模式为所有曲线，再单击要用来切除的曲线，可以快速切除曲线，比裁剪更加便捷。

6.3.5.4　缝合

缝合可以将相接的两条线合并为一条线。选中缝合后，框选出要缝合的曲线，单击"确定"，分开的曲线即可缝合成一条曲线，如图6-46所示。

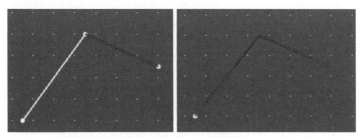

图6-46　缝合命令效果示例

6.3.5.5　合并

单击要保留的部分，选择的曲线会保留下来，其余部分会被裁掉，最后会组成一个封闭图形，如图6-47所示。

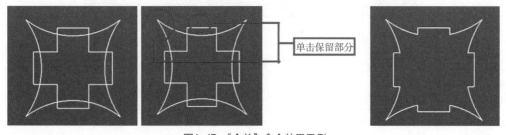

图6-47　"合并"命令效果示例

6.3.5.6　光顺

光顺多用于直线与曲线之间。光顺后的线再拉伸为一个平面。光顺的面直线拉伸后为断开的平面。"光顺"多运用于缝合后的曲线，拉伸之后会有区别。光顺后是一个面，未光顺则是多个面。

选中"光顺"后，单击缝合后的曲线，工作栏中"精度"一般调整为0.01"角度精度"值，相当于拐角处由多少个点拼凑而成。设置后单击"确定"，即可平滑曲线，如图6-48所示。

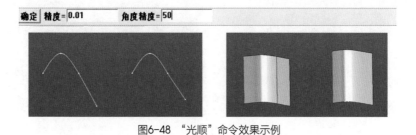

图6-48　"光顺"命令效果示例

6.3.5.7 圆角

"圆角"命令对于封闭的曲线起作用。选中"圆角"命令后，工作栏如图6-49所示。模式分为"局部"和"全局"。局部是指将修改自己所单击的角为圆角；全局指将图形中所有的角变为圆角。内部直径：凹陷处的角，变成圆角后圆的直径；外部直径：凸起处的角，变成圆角后圆的直径。若不特意单击设定内外部直径，默认内外部直径相同。

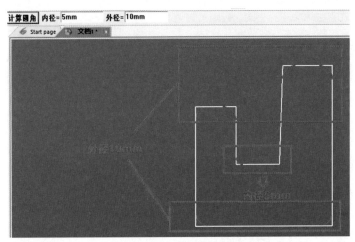

图6-49　"圆角"命令效果示例

6.3.5.8 倒角

倒角即把棱角切割出一个斜面。倒角可以通过输入第一个长度和第二个长度确认，也可以通过输入第一个长度和角度确认。

（1）两个长度确认倒角

先输入两次长度的数值，再单击所切割角的两条边。单击的先后顺序对应切割的第一个长度和第二个长度。

（2）一个长度和角度确认倒角

先输入第一个长度，再输入角度，再单击所切割角的一条边，长度为该边被切割长度，角度为该边与切割后剩余量形成的夹角。最后单击"计算倒角"，倒角生成完毕，如图6-50所示。

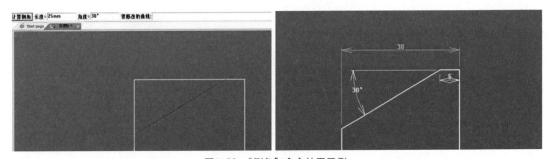

图6-50　"倒角"命令效果示例

6.3.6 外形创建命令

6.3.6.1 拉伸

拉伸工作栏如图6-51所示，可以选择已有轮廓或者创建新的轮廓，使用时通常是对已有轮廓进行拉伸。

| 新的轮廓 | = | 轮廓 | 拉伸元素: | = | 曲线 | 草图: | 全部 | 结果: | = | 一个外形 | 方向 | 截面线或文字: |

图6-51　拉伸命令工作栏

选中轮廓后，工作栏如图6-52所示，可以根据需求选择对齐方式，常规是将物体向一个方向进行拉伸，居中则是以轮廓为中心，向两边进行拉伸。拉伸类型分为实体或曲线，以实体类型进行拉伸将生成一个长方形实体，以曲线类型进行拉伸则只产生一个轮廓，为中空形式。

| 对齐: | 常规 | 模式: | 高度 | 类型: | 实体 | 截面线: | 隐藏 | 方向 | >> | 高度: | 截面线或文字: |

图6-52　拉伸命令选中"轮廓"的工具栏

"方向"选项可按给定方向，也可选择"切矢"，单击所要沿着拉伸的直线，来自定义拉伸方向。直接输入所要高度，回车确认，拉伸完成。

6.3.6.2 旋转

选择要作为截面旋转的图形，再选择旋转轴。旋转轴选定方式有多种，可以选择所给的 X、Y、Z 轴的方向，选择现有直线或者自定义旋转轴，如图6-53所示。确定旋转轴后，输入旋转角度，单击"确定"后生成旋转体。

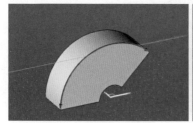 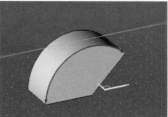 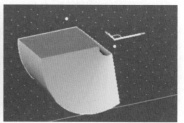

（a）选择 Y 轴作为旋转轴　　　（b）选择矩形一边作为选择轴　　　（c）自定义旋转轴

图6-53　不同旋转轴效果示例

6.3.6.3 管状外形

管道外形分为实心外形、空心外形和在曲线上。

（1）**实心外形**

选择导引曲线，再设置截面的半径，自动生成一个实心管道，截面为标准的圆，如图6-54所示。

（2）空心外形

选择导引曲线，设置外部直径，再设置厚度，自动生成一个圆心空心管道，如图6-55所示。

（3）在曲线上

在与曲线垂直的面上，绘制截面图形后，再用管状外形创建管道。截面绘制前，要建立与曲线垂直的平面。选择"点和曲线建立坐标系"，选择曲线和曲线的一个原点，创建出一个与曲线垂直的坐标系，再将该坐标系设为当前坐标系，即可在与曲线相垂直的平面上绘制截面图形。绘制完成后，选择导引曲线，再单击截面图形，即可创建，如图6-56所示。

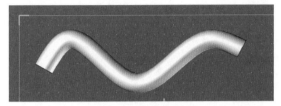

图6-54　实心管道外形图

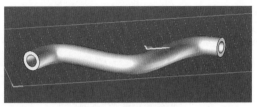

图6-55　空心管道外形图

 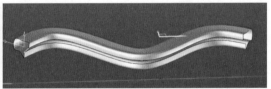

图6-56　截面图形管道外形图

6.3.7　草图绘图命令

在左栏中选中草图。单击第三栏中的"开始草图"，可以使用草图绘图命令。草图绘制中曲线创建修改等命令的操作与之前的相同，重点在于草图约束。草图约束就是对所绘制的图形进行一种位置限制或数值限制，也就是标注尺寸。单击"草图约束"后，工作栏如图6-57所示。

![草图绘图命令工作栏] 约束类型=垂直　选择一个点或一条曲线：

图6-57　草图绘图命令工作栏

可以根据需要展开多种约束类型，下面以矩形为例，对于如何约束图形进行讲解。

选择一个约束类型之后（如对齐），单击要进行对齐的曲线（如矩形的最左侧的边），再单击作为对齐标注的线（如Y轴），矩形的最左侧的边就会与Y轴对齐。同时，最左侧的边变成绿色，如图6-58所示，表明草图内有强制的约束关系。草图全部变成绿色之后表明草图已经约束完全，如图6-59所示。添加约束条件和尺寸都是对草图产生约束。

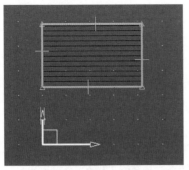

图6-58 强制约束示意图

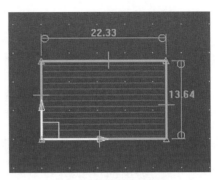

图6-59 完全约束示意图

如果产生错误，标注会呈现红色，如图6-60所示。若是在复杂文档的情况下，出现图标变成红色，在主特征树处，单击右键，编辑集合，无效元素集合，会呈现出一些出现矛盾的无效元素，以便于寻找错误的地方。找到错误的元素之后直接右键删除即可，如图6-61所示。

草图红色标注消失，主特征树的无效元素集合变成0，说明问题已经解决。如果草图编辑后想要重新进入草图编辑进行修改，使用"扳手"，单击"元素"，则可重新进入草图状态。

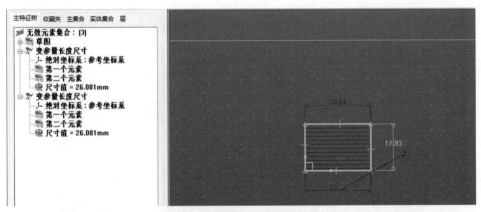

图6-60 草图绘制产生错误示意图

图6-61 草图绘制消除错误示意图

6.3.8 外形操作命令

6.3.8.1 布尔减

先选择要修改的外形，再选择作为工具进行裁剪的外形，随后则可得到裁剪后的外形。在裁剪的过程中有"圆角半径"选项，输入值即为裁剪后产生的边缘倒圆角的值，如图6-62所示。

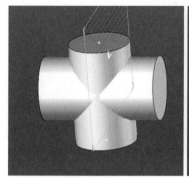 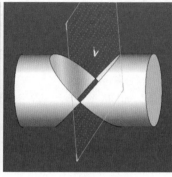 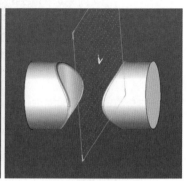

（a）裁剪前外形　　　　　　　（b）裁剪后外形　　　　　　　（c）裁剪并倒圆角后外形

图6-62　布尔减命令效果示意图

6.3.8.2 布尔加

先选择要修改的外形，选择工具外形，最后外形合并为一个整体，如图6-63所示。

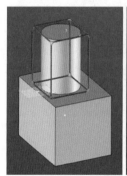 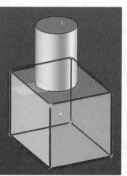 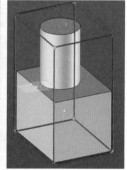

（a）布尔加前　　　　　　　　（b）布尔加后

图6-63　布尔加命令示意图

与布尔减相同，"圆角半径"是求和后对混合边界进行倒圆角，设置圆角半径后效果如图6-64所示。

6.3.8.3 相交

相交命令位于任务栏—曲面布尔操作—相交，相交命令求出两个外形共有的部分。单击要取共同部分的外形即可获得，如图6-65所示。

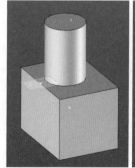 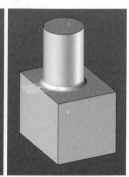

（a）未设置圆角半径　　　　（b）设置圆角半径

图6-64　设置圆角半径效果示意图

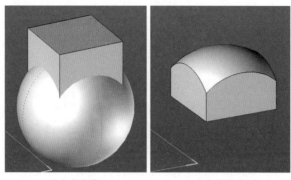

（a）相交前　　　　　　　（b）相交后

图6-65　相交命令效果示意图

6.3.8.4 圆角

圆角命令分为"一个半径""变半径"和"面和面"。

（1）一个半径

"一个半径"即所倒圆角的半径相同。输入半径后，单击边，边被切割成圆角。单击面，面的边界被切割成圆角，边界与边界的交点自动曲线相连接，如图6-66所示。

图6-66　"一个半径"命令效果示意图

（2）变半径

"变半径"即圆角拥有不同的半径。选择一个边之后，边上出现很多点，输入一个半径点，并选择该半径所在位置的点。继续输入别的半径点，再次选择该半径值所在位置的点，边最终被切割成不同半径的圆角，如图6-67所示。

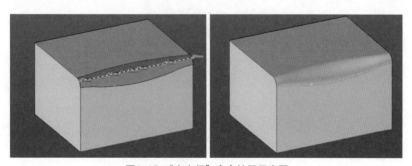

图6-67　"变半径"命令效果示意图

（3）面和面

对于面和面之间的边进行倒圆角，两个面的箭头共同指向要倒圆角的边，如图6-68所示。

6.3.8.5 倒角

倒角常用的模式为"长度/长度"和"长度/角度"。

（1）长度/长度

通过被切割的长度来确定倒角，分为"一个长度"、"多个长度"。"一个长度"即为两个面切割相同的长度；"多个长度"即每个面被切割的长度不同，如图6-69所示。

图6-68 "面和面"命令效果示意图

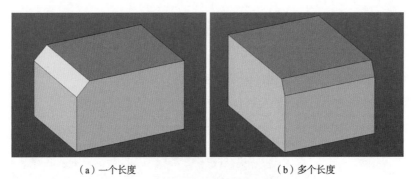

（a）一个长度 （b）多个长度

图6-69 "长度/长度"模式示意图

（2）长度/角度

通过一个被切割的长度以及角度来确定倒角。"第一长度"便是单击的第一个面所被切割的长度，"角度"是被切割倒角后空缺的部分所形成的角度，如图6-70所示。

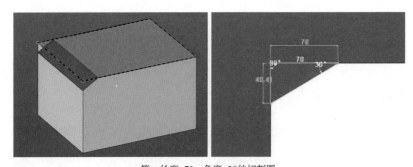

第一长度=70，角度=30的切割图

图6-70 "长度/角度"模式示意图

6.3.8.6 拔模

拔模的方式主要为"法向拔模"和"阶梯拔模"。

要拔模的面便是会产生变化的面，参考面是与拔模面相垂直的面，进行拔模后参考面不会发生变化。拔模角度为拔模面和参考面之间的角度。选中参考面后，会出现箭头，箭头指向拔模后高度减小的方向，如图6-71所示为箭头向内的拔模结果，如图6-72所示为箭头向外的拔模结果。

图6-71 箭头向内的拔模结果

图6-72 箭头向外的拔模结果

6.3.9 图纸功能

单击新建，选择"Draft"，创建一个图纸文档，"标准"选择国际标准，如图6-73所示。

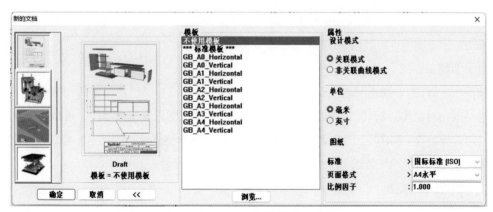

图6-73 新建图纸文档

新建后的图纸可以通过修改元素（扳手）单击修改对象，自行修改成所要的图纸大小、外框、方位、标识、边距，如图6-74所示。

图6-74　修改图纸文档示意图

6.3.9.1　各类型视图的创建

先创建出主视图，再利用辅助视图绘制出其余视图。

（1）创建主视图

选择"主视图"，单击"装配"，然后单击"浏览"，再选择要创建图纸的文件，随后在弹出的对话框中对视图进行修改，如图6-75所示。一般将主视图设置为前视图，可以通过绿色箭头对视图镜像修改。"相对于图纸"中的"比例因子"为实际物体缩小的尺寸，可以根据视图不断调整。确定之后的图纸效果如图6-76所示。

（2）创建辅助视图

单击"辅助视图"，工作栏中再次单击"辅助视图"，在图纸中单击主视图，会自动生成辅助视图。鼠标拖到主视图右侧，自动生成左视图，确定位置后单击。鼠标拖到主视图下方，自动生成俯视图，确定位置后单击。鼠标拖到主视图右下角，自动生成透视图，确定位置后单击，最终效果如图6-77所示。

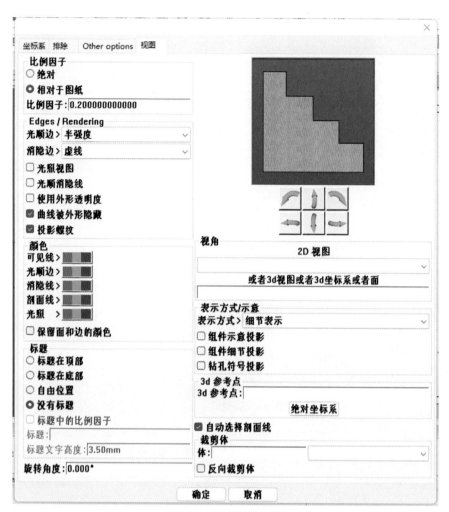

图6-75 视图修改示意图

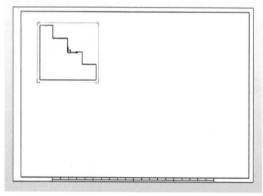

图6-76 图纸效果示意图

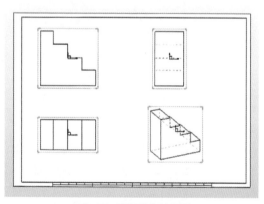

图6-77 图纸最终效果图

6.3.9.2 尺寸标注

尺寸标注主要分为"单个标注"和"累计标注"。

（1）单个标注

选中"快速标注尺寸"后，单击所要标注的曲线，可以直接进行标注，如图6-78所示。

（2）累计标注

选中"组合尺寸"，对于水平的线段标注，方位选择"水平的"，对于垂直的线段标注，方位选择"垂直的"。尺寸类型如图6-79和图6-80所示。

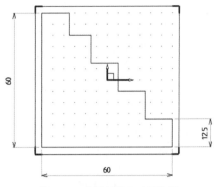

图6-78　快速标注尺寸示意图

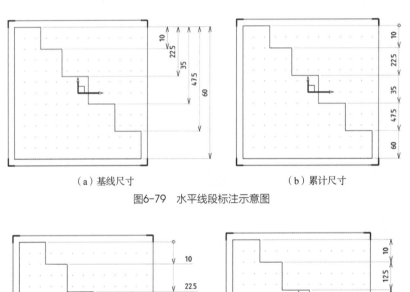

（a）基线尺寸　　　　　　　　　　（b）累计尺寸

图6-79　水平线段标注示意图

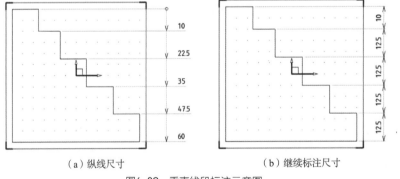

（a）纵线尺寸　　　　　　　　　　（b）继续标注尺寸

图6-80　垂直线段标注示意图

以上为TopSolid的基础操作介绍，希望读者能够熟悉页面及其操作，更好地进行产品创建。木工工具也是TopSolid比较方便的功能，感兴趣的读者可以查找相关资料进行学习。

6.4 基于TopSolid的实木家具数字化设计与实践

以图6-81所示咖啡桌的创建作为实例，将分为桌面和桌腿两部分进行。

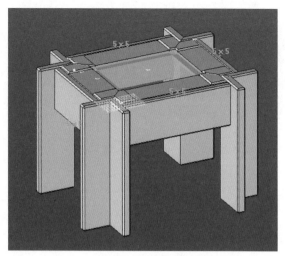

图6-81 咖啡桌效果图

6.4.1 桌腿的创建

（1）新建一个空白文档

从"新的文档"中选择"新建设计文档"，单击"不使用模板"，即可创建一个新文档。

（2）绘制桌腿的平面轮廓

首先采用"曲线""轮廓"命令，绘制出大概轮廓，再运用"尺寸标注"标注出具体尺寸，最后用"修改元素"将轮廓修改成想要的尺寸，系统将自动调整轮廓形状，如图6-82所示。

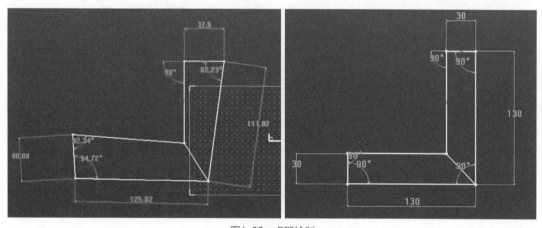

图6-82 桌腿绘制

（3）拉伸桌腿

采用"外形""拉升"命令，单击轮廓，将桌腿拉伸到450mm。单击"坐标系"，选中"点定义坐标系"，单击该点，并将生成的坐标系定义为当前坐标系，方便辅助图形的绘制，如图6-83所示。

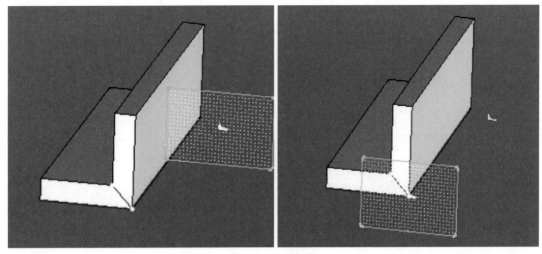

图6-83　拉伸桌腿

（4）装饰桌腿

单击"倒角"命令，建立5mm×5mm的倒角，对桌腿的边界进行装饰，最终效果如图6-84所示。

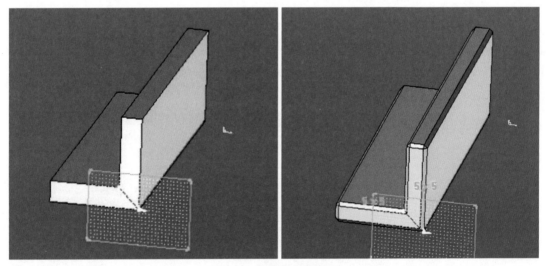

图6-84　"倒角"命令效果

（5）复制桌腿

利用"编辑""阵列实例"中的镜像命令对桌腿进行复制。复制之前，先绘制一个辅助图形，并将图形拉伸，方便复制，如图6-85所示。

单击"阵列实例"后，选中要复制的左腿，选择"单镜像"，再以辅助图形的侧面为对称平面，将桌腿复制为四个，如图6-86所示。

（6）绘制桌腿的横梁

选中"曲线""轮廓"命令，绘制出横梁的轮廓，如图6-87所示。

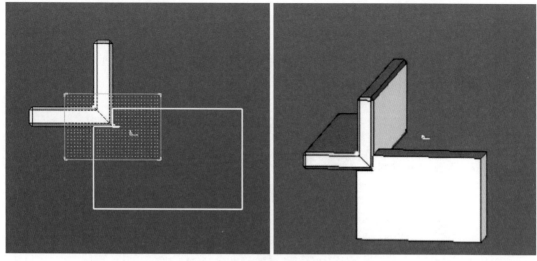

图6-85　辅助模型绘制

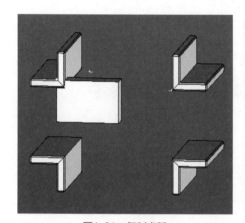

图6-86　复制桌腿

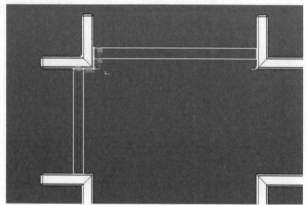

图6-87　桌腿横梁轮廓绘制

（7）拉伸横梁

使用"外形""拉升"命令，将横梁拉伸为150mm，并单击"倒角"，建立5mm×5mm的倒角，对横梁的边界进行装饰。至此，桌腿的创建就完成了，如图6-88所示。接下来进行桌面的绘制。

6.4.2　桌面的创建

（1）新建一个空白文档

与桌腿创建相同，从"新的文档"中选择新建设计文档，单击"不使用模板"。

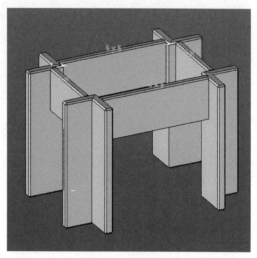

图6-88　拉伸横梁

（2）绘制桌面平面的一角

先使用"曲线""轮廓"绘制出辅助图形，方便后面桌面与桌腿的结合。基于辅助图形，绘制桌面一角的轮廓，再运用"尺寸标注"标注出尺寸，单击"修改元素"，将轮廓修改成想要的尺寸，如图6-89所示。

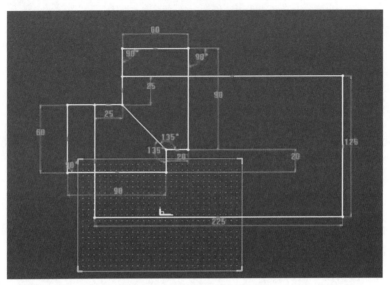

图6-89　桌面平面绘制示意图

（3）对桌角进行拉伸装饰

使用"外形""拉升"命令，单击轮廓，将桌角拉伸到25mm，单击"倒角"，建立5mm×5mm的倒角，对桌角的边界进行装饰，最终效果如图6-90所示。

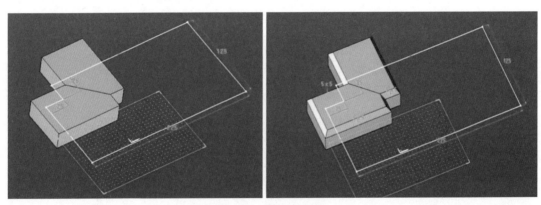

图6-90　桌角拉伸装饰

（4）复制桌角

先绘制一个辅助图形拉伸，方便复制，再单击"阵列实例"，单击要复制的桌角，选择"单镜像"，以辅助图形的侧面为对称平面，将桌角复制为四个，如图6-91所示。

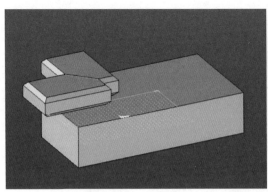
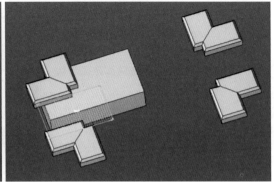

图6-91 桌角复制

（5）绘制桌面边界

使用"曲线""轮廓"命令，绘制出桌面边界的轮廓，如图6-92所示。

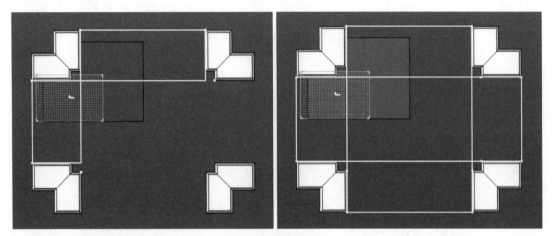

图6-92 桌面轮廓绘制

（6）拉伸桌面边界

使用"外形""拉升"命令，将左面边界拉伸为20mm，如图6-93所示。

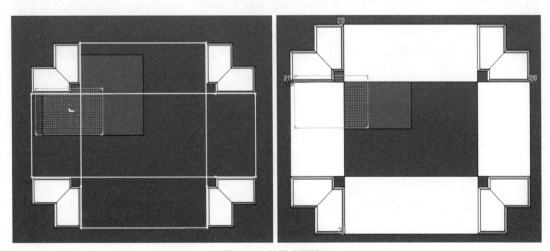

图6-93 拉伸桌面轮廓

利用搭边对桌面边界进行加工。选择"木工""搭边"命令，单击要加工的边界，设置搭边宽度为20mm，搭边厚度为9mm，最终效果如图6-94所示。

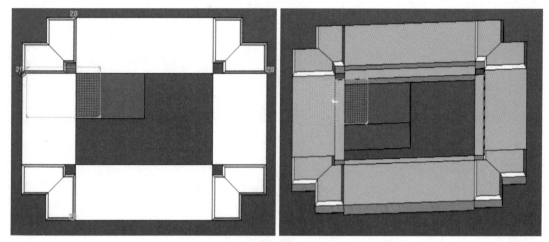

图6-94　桌面边界搭边效果图

（7）绘制桌面中心

选中"曲线""轮廓"命令，绘制出切合搭边的玻璃，并拉伸5mm，如图6-95所示。

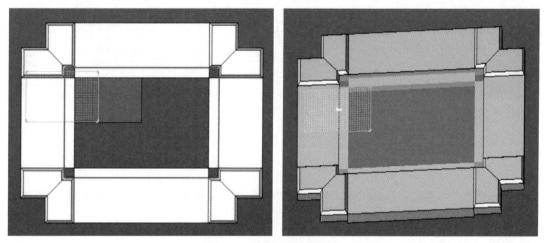

图6-95　桌面中心绘制效果图

至此，咖啡桌的零件创建全部完成，下一步进行组装。

6.4.3　组装

（1）重置当前坐标系

为了方便组装，以桌面的中心为原点建立坐标系。单击"坐标系"，选中"平面定义坐标系"，单击桌面中间的平面，在平面的中心为原点建立坐标系，并将新建坐标系设置为当前坐标系。

（2）调入桌腿

选择"装配""调入子装配/零件"，单击"浏览"，在弹出的对话框中选择桌腿文件，将桌腿复制到文件中，调节位置，并将桌腿和桌面合并在一起，如图6-96所示。

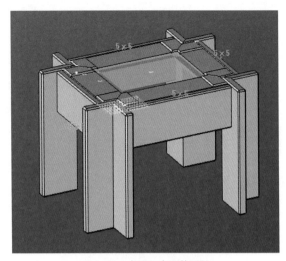

图6-96　桌腿和桌面装配图

6.4.4 调出图纸

（1）新建图纸页面

单击"新建"，选中"Draft"，"标准"选择"国际标准"后，会出现图纸页面，如图6-97和图6-98所示。

（2）修改图纸边框

单击"修改元素"，再单击图纸的边框，在对话框中对图纸页面进行修改，如图6-99所示。单击"确定"后，图纸页面修改完成，如图6-100所示。

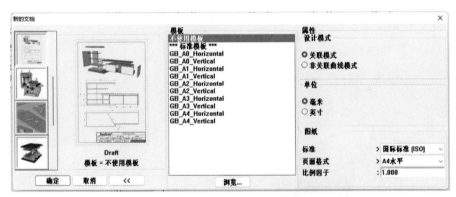

图6-97　新建图纸页面对话框

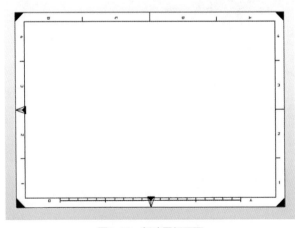

图6-98　新建图纸页面

图6-99   修改图纸对话框

图6-100   修改后效果图

（3）导入主视图

单击"主视图"，选中桌子，在对话框中设置主视图为前视图，并将"比例因子"设为0.12，如图6-101所示。单击"确定"后，将主视图放到图纸中的左上角，单击后主视图固定住，如图6-102所示。

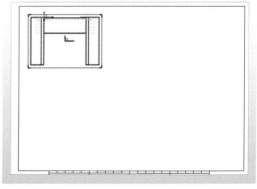

图6-101   创建视图对话框

图6-102   导入主视图

（4）创建辅助视图

单击"辅助视图"，在工作栏中再次单击"辅助视图"，再选中图纸中的主视图，鼠标拖动到主视图的下方，自动生成俯视图，确认位置后单击。鼠标拖动到主视图的右侧，自动生成左视图，确认位置后单击。鼠标拖动到主视图的斜下方，自动生成透视图，确认位置后单击。最终效果如图6-103所示。

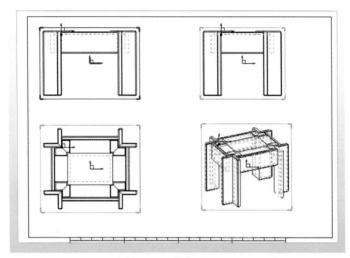

图6-103　创建辅助视图

（5）对图纸进行标注

单击"标注尺寸"，对要标注的尺寸自动生成标注。尺寸标注效果如图6-104所示。

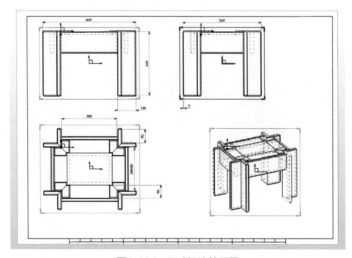

图6-104　尺寸标注效果图

以上则是咖啡桌的创建过程，为读者在使用TopSolid进行产品创建时提供参考。

✍ 作业与思考题

1. 实木产品数字化设计技术的特征有哪些？

2. 实木家具数字化设计有哪些常用软件？各有什么优势？

3. 在运用TopSolid进行产品设计时，建模步骤是什么？

参考文献

[1] 汪惠芬. 数字化设计与制造技术[M]. 哈尔滨：哈尔滨工程大学出版社，2015.

[2] 刘夫云. 产品数字化设计理论与方法[M]. 北京：清华大学出版社，2016.

[3] 洪晴，刘杰. 数字化设计与仿真[M]. 北京：电子工业出版社，2022.

[4] 周秋忠，范玉青. MBD数字化设计制造技术[M]. 北京：化学工业出版社，2019.

[5] 姜淑凤. 数字化设计与制造方法[M]. 哈尔滨：哈尔滨工业大学出版社，2018.

[6] 谢驰. 数字化设计与制造技术[M]. 北京：中国石化出版社，2016.

[7] 吴卫光. 家具设计基础[M]. 上海：上海人民美术出版社，2018.

[8] 胡显宁，李金甲. 全屋定制家具设计[M]. 北京：中国轻工业出版社，2021.

[9] 黄艳丽. 定制家具设计[M]. 长沙：湖南师范大学出版社，2021.

[10] 夏颖翀，戚玥尔，徐乐. 家具设计：形态、结构与功能[M]. 北京：中国建筑工业出版社，2019.

[11] 陈雪杰. 家具设计与工艺[M]. 北京：人民邮电出版社，2017.

[12] 朱毅. 家具造型与结构设计[M]. 北京：化学工业出版社，2017.

[13] 廖夏妍. 家具陈设设计[M]. 北京：清华大学出版社，2022.

[14] 陈于书，徐伟. 家具造型设计[M]. 北京：中国轻工业出版社，2021.

[15] 肖飞. 家具造型设计[M]. 北京：中国轻工业出版社，2020.

[16] 王国坤，熊先青，杨路洁，等. 面向板式家具数字化制造的拆单软件现状与发展分析[J]. 林业工程学报，2024，9（03）：175-183.

[17] 朱兆龙，熊先青，吴智慧，等. 面向智能制造的定制家居数字化设计虚拟现实展示技术[J]. 木材科学与技术，2021，35（05）：1-6.

[18] 熊先青，任杰. 面向智能制造的家居产品数字化设计技术[J]. 木材科学与技术，2021，35（01）：14-19.

[19] 熊先青，赵雅洁，方露，等. 大规模定制整体衣柜结构设计规范化[J]. 包装工程，2016，37（14）：100-104.

[20] 吴智慧，叶志远. 家居企业数字化转型与产品数字化设计的发展趋势[J]. 木材科学与技术，2023，37（03）：1-11.